Christian Immler

Das inoffizielle Nokia Handy-Buch

CHRISTIAN IMMLER

DAS INOFFIZIELLE
NOKIA
HANDY-BUCH

Mit 192 Abbildungen

FRANZIS

Bibliografische Information der Deutschen Bibliothek

Die Deutsche Bibliothek verzeichnet diese Publikation in der Deutschen Nationalbibliografie; detaillierte Daten sind im Internet über **http://dnb.ddb.de** abrufbar.

Hinweis

Alle Angaben in diesem Buch wurden vom Autor mit größter Sorgfalt erarbeitet bzw. zusammengestellt und unter Einschaltung wirksamer Kontrollmaßnahmen reproduziert. Trotzdem sind Fehler nicht ganz auszuschließen. Der Verlag und der Autor sehen sich deshalb gezwungen, darauf hinzuweisen, dass sie weder eine Garantie noch die juristische Verantwortung oder irgendeine Haftung für Folgen, die auf fehlerhafte Angaben zurückgehen, übernehmen können. Für die Mitteilung etwaiger Fehler sind Verlag und Autor jederzeit dankbar.

Internetadressen oder Versionsnummern stellen den bei Redaktionsschluss verfügbaren Informationsstand dar. Verlag und Autor übernehmen keinerlei Verantwortung oder Haftung für Veränderungen, die sich aus nicht von ihnen zu vertretenden Umständen ergeben. Evtl. beigefügte oder zum Download angebotene Dateien und Informationen dienen ausschließlich der nicht gewerblichen Nutzung. Eine gewerbliche Nutzung ist nur mit Zustimmung des Lizenzinhabers möglich.

Herausgeber: Ulrich Dorn
Satz: G&U Language & Publishing Services GmbH, Flensburg
art & design: www.ideehoch2.de
Druck: L.E.G.O. S.p.A., Vicenza (Italia)
Printed in Italy

ISBN 978-3-7723-**7265-0**

1 Das Betriebssystem auf Ihrem Nokia

Unzählige verschiedene Handytypen sind auf dem Markt. Fast täglich erscheinen neue Geräte, und genauso schnell verschwinden andere wieder aus den Auslagen der Handyläden. In jedem Handy steckt ein kleiner Computer, der in seiner Leistungsfähigkeit die PCs der ersten Generation weit überbietet. Wie jeder Computer benötigen auch Handys ein Betriebssystem. Die meisten der einfachen Handys verwenden Java-basierte Eigenentwicklungen der Hersteller, die jedoch untereinander nicht kompatibel sind. Bessere Handys mit sogenannten PDA-Funktionen (**P**ersonal **D**igital **A**ssistant) besitzen fast alle ein standardisiertes Betriebssystem.

Ein standardisiertes Handybetriebssystem hat den großen Vorteil, dass ähnlich wie bei Windows auf dem PC eine große Auswahl an Anwendungen für diese Systeme angeboten wird. Die Software wird hierbei nicht über teure Mobilfunkverbindungen aus dem Internet auf das Handy heruntergeladen, sondern per Kabel, Infrarot oder Bluetooth direkt vom lokalen PC oder einem Notebook aus auf das Handy installiert. Immer mehr Softwarehersteller entwickeln ihre Programme mittlerweile für mehrere mobile Systemplattformen, sodass die Softwareauswahl ständig größer wird.

INFO!

Die Softwareliste zum Buch

Software für Nokia-Handys und andere mobile Geräte wird noch häufiger aktualisiert als PC-Software. Liefert ein Gerätehersteller ein neues Handymodell oder kommen neue Funktionen in Mode, bringen sofort viele unabhängige Softwareentwickler neue Anwendungen auf den Markt. Dieses Buch enthält deshalb keine CD, deren Inhalt nach kurzer Zeit veraltet wäre. Besuchen Sie die Website des Redaktionsteams *www.handybuch.tk*. Dort finden Sie im Hauptmenü den Link *Handysoftware*. Hier erscheinen täglich neue Softwareprodukte für Ihr Nokia-Handy und Handys anderer Hersteller. Unter der Rubrik *Plattform wählen* ganz unten links auf der Seite schalten Sie zwischen den verschiedenen Systemplattformen um. Aktuelle Nokia-Handys verwenden Symbian OS.

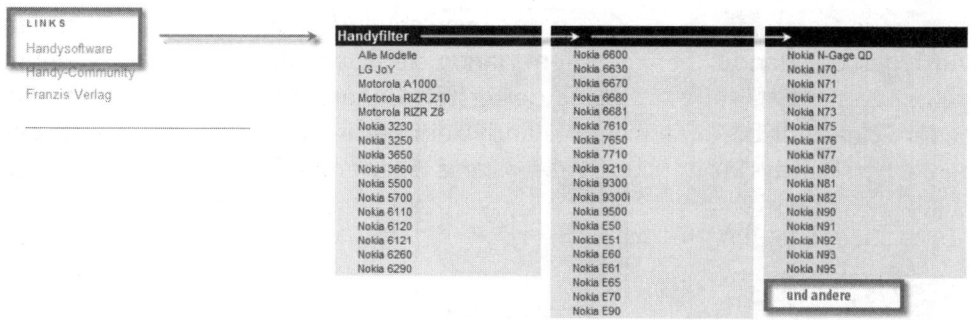

Bild 1.1 Aktuelle Handysoftware für Ihr Nokia-Handy und andere Systemplattformen finden Sie immer aktuell bei *www.handybuch.tk*.

1.1   Symbian OS und Nokia Series 40

Symbian OS ist derzeit die wichtigste Betriebssystemplattform für Handys. Das System, ein Nachfolger des ehemaligen Psion-Betriebssystems, wird heute in den meisten Smartphones – Geräte, die mehr können als nur telefonieren – eingesetzt. Zurzeit sind mehrere grundsätzlich unterschiedliche Versionen von Symbian OS auf dem Markt.

Symbian OS Series 60

Symbian OS S60 ist ein typisches Handybetriebssystem, das mit zwei Tasten und einer Navigationstaste oder einem Joystick gesteuert wird. Diese Version wird unter anderem auf den Nokia-Handys der Serien 66xx und 76xx, bei Samsung und auf der Spielkonsole N-Gage eingesetzt. Die aktuellen Serien N und E von Nokia setzen bereits die 3rd Edition von Symbian OS Series 60 ein. Diese Version wurde in vielerlei Hinsicht erweitert und verbessert. So sind jetzt Firmware-Upgrades online über eine Mobilfunkverbindung (GPRS/UMTS/HSDPA) möglich, und ein E-Mail-Client ist standardmäßig integriert. Der neue Internetbrowser bietet einen Modus, um komplette Webseiten auf dem kleinen Handybildschirm darzustellen. Dabei wurde auch die Navigation vereinfacht sowie XHTML-, CSS- und Flash-Unterstützung integriert.

Eine der auffälligsten Neuerungen ist die Unterstützung verschiedener Bildschirmformate. War Symbian S60 früher auf einen Bildschirm von 176 x 208 Pixeln festgelegt, sind jetzt auch Bildschirmformate von 240 x 320 und 352 x 416 Pixeln möglich. Dabei kann zwischen Hoch- und Querformat umgeschaltet werden. Zur Dateneingabe können Sie neben der normalen Handytastatur auch vollständige QWERTZ/QWERTY-Tastaturen verwenden.

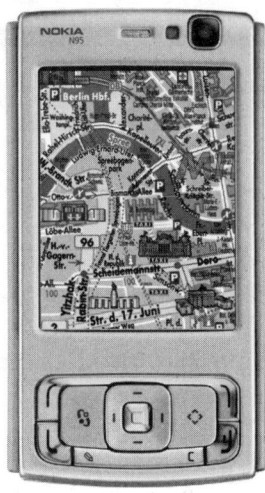

Bild 1.2 Die Nokia-Handys N95 und N73 mit Symbian OS S60 3rd Edition (Foto: Nokia).

Bild 1.3 Handys verschiedener Bauformen mit Symbian OS S60 3rd Edition – Nokia E61 mit ASCII-Tastatur und Querformatbildschirm, Nokia E65 Schiebehandy und E90 Communicator (Foto: Nokia).

Symbian OS S60 lässt sich vom Gerätehersteller und auch vom Netzbetreiber vielfältig anpassen. So kann es sein, dass bestimmte Menüaufrufe auf einem speziellen Gerät etwas anders heißen als hier im Buch beschrieben. Immer aktuelle Informationen zu Symbian OS S60 finden Sie unter *www.s60.com*.

Speichergröße von Handys

Die in den Beschreibungen von Handys angegebenen Speichergrößen beziehen sich auf den internen Speicher. Fast alle Geräte lassen sich mit Speicherkarten erweitern. Die Speicherkapazitäten können keineswegs mit den vom PC gewohnten Dimensionen verglichen werden. Anwendungen sind auf dem Handy deutlich kleiner, und auch Fotos belegen, bedingt durch die geringere Auflösung, erheblich weniger Speicherplatz.

Symbian OS Series 80

Symbian OS Series 80 ist ein Betriebssystem für Geräte mit vollständiger ASCII-Tastatur und großem Querformatbildschirm. Es wird zurzeit nur auf Geräten der Nokia Communicator-Serien verwendet, wobei der neueste Communicator E90 schon auf Symbian OS S60 basiert. Zusammengeklappt können diese Geräte wie ein etwas zu groß geratenes Handy benutzt werden, auseinandergeklappt wie ein Mini-Notebook.

Bild 1.4 Nokia Communicator 9300 zusammengeklappt sowie Nokia Communicator 9300i aufgeklappt (Fotos: Nokia).

Nokia Series 40-Plattform

Die Nokia Series 40-Plattform ist das Betriebssystem, das auf diversen einfacheren Nokia-Handys eingesetzt wird. Die Bedienung erfolgt über die Handytastatur. Für diese Plattform sind außer Spielen nur wenige Anwendungen verfügbar. Man muss in den meisten Fällen auf Java-Applikationen zurückgreifen, aber das wird sich in naher Zukunft ändern. Mit der neuen 5th Edition unterstützt Series 40 jetzt auch Adobes Flash Lite-Technologie sowie Java ME mit der aktuellen MIDP 2.0-Version.

Bild 1.5 Zwei erfolgreiche Vertreter der Series-40-Plattform: das Nokia XpressMusic und das Nokia 6301 (Fotos: Nokia).

1.2 Software mit der Nokia PC Suite installieren

Alle Nokia-Handys lassen sich mit zusätzlicher Software erweitern. Nur muss diese Software erst einmal auf das Handy kommen. Am bekanntesten ist sicher die Methode, Spiele über eine teure Premium-SMS direkt aufs Handy geschickt zu bekommen. Dabei handelt es sich allerdings größtenteils um minderwertige Software, deren Hauptzweck darin besteht, die Kassen der Anbieter zu füllen. Wesentlich komfortabler ist es, Software auf dem PC herunterzuladen und von dort auf dem Handy zu installieren.

Bild 1.6 Im Hauptmenü der Nokia PC Suite.

Für alle Geräte – Java-Programme installieren

Auf den meisten einfachen Handys ohne standardisiertes Betriebssystem können Java-Programme installiert werden. Ursprünglich sollte Java eine plattform-übergreifende Technologie sein, aber leider läuft nicht jedes mobile Java-Programm auch auf jedem Handy. Für viele Geräte sind Spezialversionen nötig. Prüfen Sie also immer vor der Installation eines Programms auf dem Handy die Kompatibilitätsangaben des Softwareherstellers.

JAR- und JAD-Dateien

Jedes Java-Programm besteht aus zwei Dateien, der eigentlichen Programm-datei mit der Endung *.jar* und einer kurzen Textdatei mit der Endung *.jad*, die Installationsanweisungen enthält. Beide Dateien müssen auf das Handy über-tragen werden.

INFO!

Inhalt von JAR-Dateien

JAR-Dateien sind komprimierte Archive, die neben dem Pro-gramm auch alle benötigten Java-Klassen, Grafiken und Sounds enthalten. Wer sich für den genauen Inhalt interessiert, kann die Dateien mithilfe des Packprogramms WinRAR (*www.winrar.de*) auseinandernehmen.

Kopieren Sie mit der Nokia PC Suite die JAR-Datei in den Anwendungsordner des Telefonspeichers. Markieren Sie anschließend die JAR-Datei und wählen Sie den Befehl *Installieren*. Java-Programme werden vielfach für bestimmte Dis-playgrößen entwickelt, sodass einige dieser Applikationen nicht ausgeführt werden können.

Symbian OS-Programme installieren

Symbian OS-Programme werden als Dateien im SIS- oder im SISX-Format für Symbian S60 3rd Edition geliefert. Ist die mit dem Handy gelieferte Synchroni-sationssoftware auf dem PC installiert, startet ein Doppelklick auf eine SIS-Datei im Explorer automatisch das Installationsprogramm, das die Anwendung per Kabel, Infrarot oder Bluetooth auf das Handy überträgt. Bei einigen Program-men können Sie während der Installation die Programmsprache auswählen oder entscheiden, ob das Programm im Hauptspeicher des Handys bzw. auf der Speicherkarte installiert werden soll. Diese Synchronisationssoftware, wie zum Beispiel die Nokia PC Suite, kann auch direkt zum Übertragen von Daten in bestimmte Verzeichnisse auf dem Gerät genutzt werden.

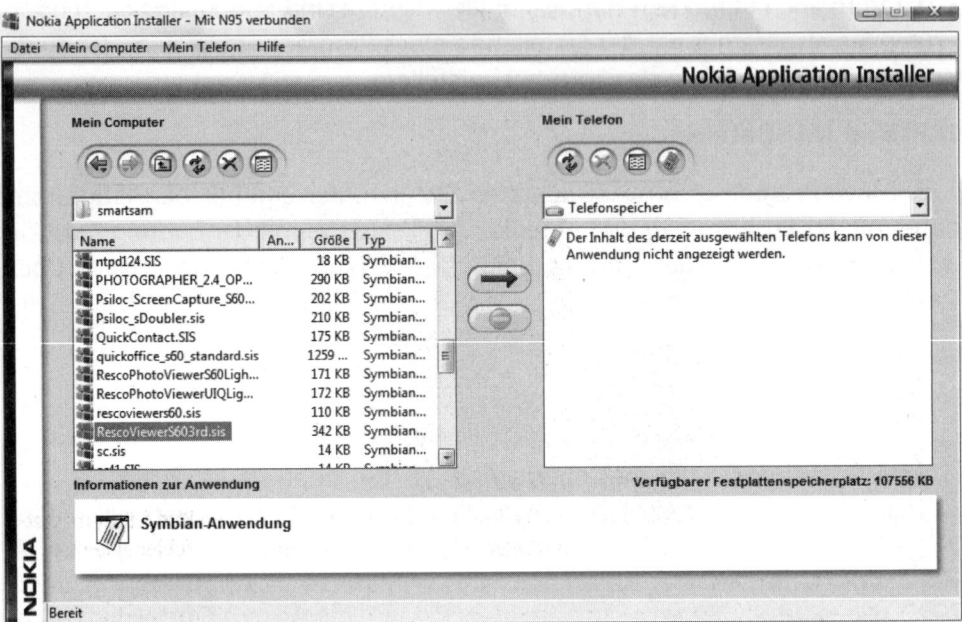

Bild 1.7   Dateien mit dem Nokia Application Installer auf das Handy übertragen.

Die SIS-Dateien können auch mit der Windows-Systemfunktion *Senden an...* an das Handy geschickt werden. Dort erscheinen sie dann genauso wie Java-Dateien als eingegangene Mitteilung. Aus dieser Mitteilung heraus kann das Programm direkt installiert werden. Nach der Installation sollte die Mitteilung wieder gelöscht werden, um Speicherplatz zu sparen.

Bei der direkten Installation vom PC aus werden temporäre Dateien auf dem Gerät automatisch gelöscht. Die Installationsprogramme für sehr große Anwendungen wie umfangreiche Lexika oder Navigationssysteme bieten meistens eine Option, das Datenmaterial direkt per Kartenleser am PC auf die Speicherkarte des Geräts zu installieren. Diese Methode ist deutlich schneller als die relativ langsame Synchronisationsverbindung und benötigt keinen temporären Speicherplatz im RAM des Handys.

Sicherheits- und Zertifikatfehler umgehen

In der Grundeinstellung sind viele Symbian OS S60-Handys gegen die Installation von zusätzlicher Software gesperrt. Die dabei auftretenden Sicherheits- oder Zertifikatfehler lassen sich mit der richtigen Einstellung leicht umgehen.

1. Wechseln Sie in das Menü *Anwendungen,* wählen Sie hier den Ordner *System* und starten Sie das Programm *Programm-Manager* bzw. *Progr.-Man.*

Bild 1.8 Zertifikatfehler umgehen.

2. Drücken Sie auf *Optionen* und wählen Sie den Menüpunkt *Einstellungen.* Der Unterpunkt *Software-Installation* muss auf *Alle* gestellt werden, der Unterpunkt *Online-Zert.-prüfung* auf *Aus.* Anschließend können Sie Software auf dem Smartphone installieren und die Funktionalität des Geräts erweitern.

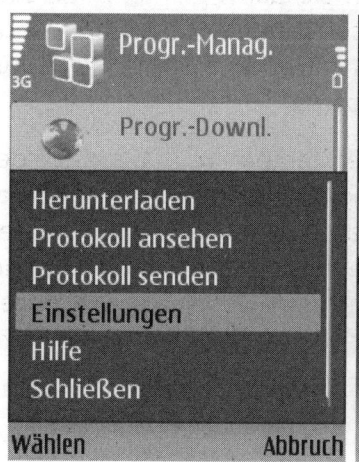

Bild 1.9 Einstellungen, mit denen alle Programme installiert werden können.

Symbian OS-Programme richtig deinstallieren

Auf Symbian OS-Handys kann Software nicht direkt vom PC aus deinstalliert werden. Nicht mehr benötigte Programme müssen direkt vom Gerät entfernt werden. Allerdings sind die Programme nicht immer leicht zu finden. Java-Programme und »echte« Symbian-Programme erscheinen zur Deinstallation bei Symbian OS S60 1st und 2nd Edition an zwei unterschiedlichen Stellen im System.

Um ein Java-Programm zu deinstallieren, wählen Sie im Hauptmenü das Symbol *Programme*. Wählen Sie in der Programmliste das Programm, das deinstalliert werden soll, und dann unter *Optionen* den Menüpunkt *Entfernen*.

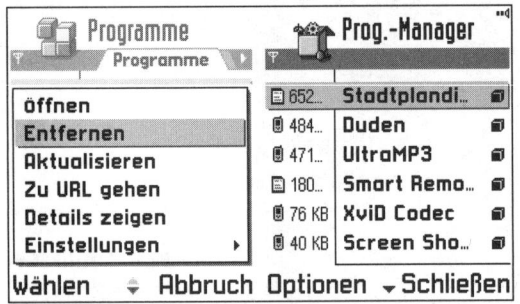

Bild 1.10 Deinstallation von Symbian- und Java-Programmen auf Symbian S60 1st Edition.

Symbian-Programme finden Sie, indem Sie im Hauptmenü den Ordner *Tools* und dort das Symbol *Manager* wählen. Auch hier wird eine Liste aller installierten Programme angezeigt. Wählen Sie an dieser Stelle im Menü *Optionen* den Menüpunkt *Entfernen*.

Bild 1.11 Symbian- und Java-Programme auf Symbian S60 3rd Edition.

Symbian OS 3rd Edition zeigt im Programm-Manager alle installierten Programme an, wobei Symbian- und Java-Programme an unterschiedlichen Symbolen zu erkennen sind. Unter *Optionen/Details anzeigen* werden das Programmformat (Symbian oder Java) sowie der Hersteller angezeigt.

Der Menüpunkt *Optionen/Entfernen* deinstalliert ein gewähltes Programm. *Optionen/Protokoll ansehen* zeigt ein Protokoll der zuletzt installierten Anwendungen. Hier können Sie leicht erkennen, ob sich unbemerkt ein Programm installiert hat.

Bild 1.12 Installationsprotokoll auf Symbian S60 3rd Edition.

2 Streng vertraulich – undokumentierte Codes

Bei Weitem nicht alle Funktionen eines Handys werden über die Menüs angeboten. Viele Einstellungen lassen sich nur über spezielle Tastenkombinationen aufrufen, die die Bedienungsanleitung der Handys verschweigen. Dabei sind diese Codes gar nicht geheim. Alle Codes für Funktionen, die mit dem GSM-Netz zusammenspielen, wurden von den Netzbetreibern standardisiert, sodass sie mit jedem Handy genutzt werden können.

2.1 Versteckte Codes auf Nokia-Handys

Spezielle undokumentierte Codes zeigen auf Nokia-Handys interessante Informationen oder bieten Zugriff auf Funktionen, die in keinem Menü stehen.

Funktion	Code
Servicemenü mit Anzeige der gesamten Gesprächs- und Stand-by-Zeit	*#92702689#
Bluetooth-Geräteadresse anzeigen	*#2820#
MAC-Adresse anzeigen (bei Handys mit WLAN)	*#62209526#
Serviceeinstellungen löschen	*#335738#
Betreiberlogo entfernen	*#67705646#
Brieftasche komplett löschen (einschließlich Passwort)	*#7370925538#
Hard Reset	*#7370#

2.2 GSM-Codes richtig eingeben

Die folgenden Abschnitte zeigen solche GSM-Codes, die mit den Handytasten eingegeben werden können. Wichtig dabei ist, dass man sich nicht gerade in einer Anwendung befindet, sondern die Codes dort eingibt, wo man auch eine Telefonnummer zum Anrufen eintippen würde, bei den meisten Handys also direkt auf dem Startbildschirm, bei einigen Geräten auch in der speziellen Telefonanwendung. Diese lässt sich üblicherweise auch ganz ohne Menüaufrufe mit der grünen Handytaste starten.

IMEI – Geräteseriennummer herausfinden

Die IMEI ist eine eindeutige Geräteseriennummer, die unter anderem häufig zur Registrierung von Softwarevollversionen benötigt wird.

*#06# – Zeigt die IMEI des Geräts auf dem Bildschirm an. Dieser Tastencode ist bei allen Handys gleich.

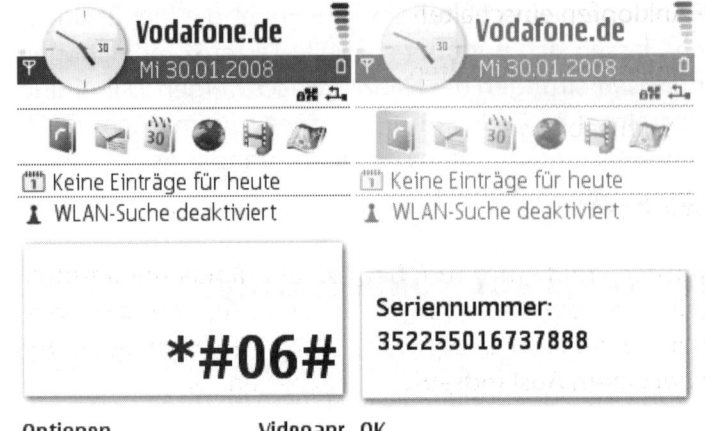

Bild 2.1 Anzeige der IMEI auf einem Handy.

PINs der SIM-Karte ändern

Jede SIM-Karte wird durch zwei verschiedene PINs (**P**ersönliche **I**dentifikations-**n**ummern) geschützt. Diese PINs sind abhängig von der SIM-Karte und nicht vom Telefon. Die PIN1 wird bei jedem Einschalten des Telefons gebraucht. Die PIN2 wird im Wesentlichen nur zur Freischaltung spezieller kostenpflichtiger Dienste benötigt. Beide PINs können vom Benutzer geändert werden.

**04*[alte PIN]*[neue PIN]*[neue PIN]# – PIN ändern.

**042*[alte PIN2]*[neue PIN2]*[neue PIN2]# – PIN2 ändern.

Wenn man die PIN vergisst oder mehrfach falsch eingibt, sperrt sich die SIM-Karte selbstständig und kann nur noch mit der Super-PIN oder PUK (**P**ersonal **U**nblocking **K**ey) wieder freigeschaltet werden. Der PUK kann vom Benutzer nicht verändert werden.

**05*[PUK]*[neue PIN]*[neue PIN]# – Gesperrte PIN entsperren.

**052*[PUK]*[neue PIN2]*[neue PIN2]# – Gesperrte PIN2 entsperren.

Anklopfton unterdrücken

Die Anklopffunktion muss im GSM-Netz ein- und ausgeschaltet werden. Einige Handys bieten zusätzlich die Möglichkeit, den Anklopfton bei eingeschalteter Anklopffunktion direkt auf dem Handy zu unterdrücken. Beim Anklopfen ertönt ein spezielles Signal, wenn während eines Gesprächs ein zweiter Anruf hereinkommt.

*43# [grüne Taste] – Anklopfen einschalten.

#43# [grüne Taste] – Anklopfen ausschalten.

*#43# [grüne Taste] – Statusabfrage.

Anrufsperren einrichten

Zum Verhindern bestimmter Anrufe, um zum Beispiel ein Handy nur anrufbar zu machen, aber keine abgehenden Gespräche zuzulassen, können Anrufsperren im GSM-Netz gesetzt werden. Auf diese Weise lassen sich auch die teuren ankommenden Anrufe bei einem Auslandsaufenthalt sperren.

INFO!

Mögliche Kosten

Die meisten Netzbetreiber lassen sich solche Anrufsperren bezahlen. In diesen Fällen werden die Sperren berechnet, wenn sie eingerichtet werden, unabhängig davon, ob sie jemals wirklich in Aktion treten. Erkundigen Sie sich also vor dem Einsatz einer Anrufsperre bei Ihrem Netzbetreiber nach den dadurch entstehenden Kosten.

Um Anrufsperren einzurichten oder zu ändern, benötigen Sie eine Geheimzahl. Diese bekommen Sie erstmalig von Ihrem Netzbetreiber. Später können Sie sie mit folgender Tastenkombination selbst ändern:

**03*330*[alte Geheimzahl]*[neue Geheimzahl]*[neue Geheimzahl]# [grüne Taste]

Anrufsperren setzen sich aus einem Servicecode und einem Dienstecode zusammen. Der Dienstecode kann auch weggelassen werden. In diesem Fall gilt die Anrufsperre für alle Dienste.

Servicecode (SC)	Funktion
33	Alle abgehenden Anrufe.
331	Alle abgehenden internationalen Anrufe.
332	Alle abgehenden internationalen Anrufe ohne Anrufe nach Deutschland.
35	Alle ankommenden Anrufe.
351	Alle ankommenden Anrufe nur bei Aufenthalt im Ausland.

Dienstecode (SC)	Funktion
11	Nur Telefonie.
13	Nur Fax.
16	Nur SMS.
21	Nur Datenübertragungen (gilt auch für MMS).
Kein Dienstecode	Alle Dienste.

Aus diesen beiden Codegruppen lassen sich verschiedene Funktionen zusammensetzen:

*SC(*DC)*[Geheimzahl]# [grüne Taste] – **Anrufsperre einschalten.**

#SC(*DC)*[Geheimzahl]# [grüne Taste] – **Anrufsperre ausschalten.**

*#SC(*DC)# [grüne Taste] – **Status der Anrufsperre im Netz abfragen.**

Rufnummernanzeige auch bei Prepaid-Karten

Die Netzbetreiber stellen Handys normalerweise so ein, dass die eigene Rufnummer bei einem Anruf übermittelt und beim Gesprächspartner angezeigt wird. Einige Anbieter schalten diese Funktion bei Prepaid-Karten allerdings standardmäßig aus. Für zahlreiche Funktionen, wie zum Beispiel den Kauf von Handytickets oder das Ausleihen eines Call-a-Bike-Fahrrads, ist die Rufnummernübertragung aber unbedingt erforderlich.

Viele Handys bieten im Menü *Funktionen* die Möglichkeit an, die Rufnummernübertragung unabhängig von der Vorgabe des Anbieters ein- oder auszuschalten. Auf aktuellen Geräten der N-Serie findet man diese Funktion im Menü unter *System/Einstellungen/Telefon/Anrufen*, bei der E-Serie unter *System/Einstellungen/Anrufe*.

Mit speziellen GSM-Codes kann die Rufnummernübertragung auf jedem Telefon für einzelne Gespräche ein- oder ausgeschaltet werden. Dazu muss man beim Anruf vor der Telefonnummer eine Tastenkombination eingeben.

*31#[Rufnummer] [grüne Taste] – **Rufnummernübertragung einschalten, wenn standardmäßig ausgeschaltet.**

#31#[Rufnummer] [grüne Taste] – **Rufnummernübertragung ausschalten, wenn standardmäßig eingeschaltet.**

*#31# – **Status der Rufnummernübertragung abfragen.**

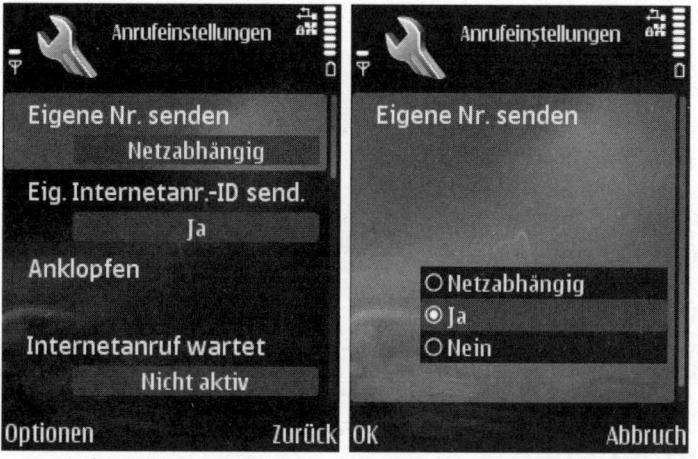

Bild 2.2 Umschaltung der Rufnummernübertragung.

Damit die Rufnummernübertragung auf diesem Weg ein- und ausgeschaltet werden kann, muss die SIM-Karte dafür freigeschaltet sein, was bei fast allen heute verkauften Karten standardmäßig der Fall ist.

> **INFO!**
>
> **Kein Freibrief für kriminelle Aktivitäten**
>
> Eine ausgeschaltete Rufnummer ist kein Freibrief für kriminelle Aktivitäten am Telefon. Die Rufnummer wird bei jedem Gespräch übertragen, bei abgeschalteter Anrufer-ID wird nur zusätzlich ein spezielles Signal gesendet, das das Telefon des Gesprächspartners anweist, die Nummer nicht zu zeigen. Notrufzentralen und Strafverfolgungsbehörden können die Nummer eines Anrufers in jedem Fall erkennen.

SMS-Komfortfunktionen auf jedem Gerät

Die meisten SMS-Programme auf Handys ermöglichen verzögertes Senden oder die Verkettung mehrerer SMS zu einer langen Nachricht. Bietet das SMS-Programm auf einem Handy keine solchen Komfortfunktionen, können einige Funktionen auch über spezielle Codes innerhalb der SMS verwendet werden.

*LATER [Leerzeichen] [Verzögerung in Stunden]#[Text] – Sendet eine SMS zeitverzögert.

Werden mehrere SMS miteinander zu einer langen SMS verkettet, müssen vor den Texten spezielle Codes eingetippt werden. Das SMS-Programm beim Empfänger baut dann die Einzelteile wieder zu einem langen Text zusammen.

*LONG#[Text] – Erste bis vorletzte SMS einer verketteten SMS.

*LAST#[Text] – Letzte SMS einer verketteten SMS.

Beim Versand einer SMS kann man sich automatisch eine Statusmeldung schicken lassen. Die dazu notwendigen Codes unterscheiden sich je nach Netzanbieter:

*T#[Text] – SMS-Statusbericht bei T-Mobile.

*N#[Text] – SMS-Statusbericht bei Vodafone.

*B#[Text] – SMS-Statusbericht bei E-Plus.

Home-Zone-Informationen

Bei Handyverträgen mit Home-Zone ist es für den Benutzer wichtig zu wissen, ob er sich gerade in der Home-Zone befindet oder nicht. Bei Handys mit Branding durch den Netzbetreiber sind die entsprechenden Abfragefunktionen in den Menüs enthalten. Es funktioniert aber auch mit jedem Handy durch Eingabe entsprechender GSM-Codes.

*130# [grüne Taste] – Abfrage, ob man sich im T-Mobile@home-Bereich befindet.

Vodafone bietet seinen Kunden einen speziellen Anrufmanager, mit dem eingehende Anrufe, die auf der Vodafone zu Hause-Festnetznummer eingehen, umgeleitet werden können, wenn sich das Handy nicht im Hausbereich befindet.

*130*100# [grüne Taste] – Umleitung auf die eigene Mailbox.

*130*200# [grüne Taste] – Umleitung auf die eigene Handynummer (kostenpflichtig).

*130*300# [grüne Taste] – Automatische Ansage »Teilnehmer nicht erreichbar« (kostenlos).

*131# [grüne Taste] – Statusabfrage des Anrufmanagers.

2.3   SIM-Lock und Net-Lock

SIM-Lock und Net-Lock sind Funktionen, die Handys auf die Nutzung mit bestimmten SIM-Karten beschränken. Obwohl technisch jedes Handy mit jeder SIM-Karte für ein passendes GSM-Netz läuft, beschränken die Netzbetreiber Handys absichtlich, um sie nur Nutzern ihres Netzes zugänglich zu machen.

Ein SIM-Lock ermöglicht den Betrieb eines Handys nur mit einer bestimmten SIM-Karte. Diese Technik wird häufig bei preiswerten Handys eingesetzt, die zusammen mit einer Prepaid-Karte verkauft werden.

Ein Net-Lock ermöglicht den Betrieb eines Handys mit jeder beliebigen SIM-Karte eines bestimmten Netzbetreibers. T-Mobile verwendet solche Net-Locks bei den meisten besseren Handys und Smartphones mit T-Mobile-Branding.

Nach 24 Monaten sind die großen deutschen Netzbetreiber bereit, den SIM-Lock oder Net-Lock kostenlos von einem Gerät zu entfernen. Der Benutzer muss dazu die IMEI-Nummer des Geräts per Telefon oder online an den Netzbetreiber übermitteln und bekommt dann einen für dieses Gerät gültigen Entsperrcode. Dieser Entsperrcode muss eingegeben werden, wenn man eine andere SIM-Karte in dem Gerät verwenden will.

> **INFO!**
>
> ### Die Rechtslage
>
> SIM-Lock und Net-Lock werden von den Mobilfunknetzbetreibern verwendet, um Geräte kostengünstig abgeben zu können. Die Kosten sollen über die Gespräche der Nutzer zurückfließen. Entsperrt man ein so subventioniertes Handy, um es mit einer anderen SIM-Karte zu nutzen oder bei eBay zu verkaufen, entgehen dem Netzbetreiber Einnahmen. Der Nutzer begeht einen Vertragsbruch und wird schadensersatzpflichtig.

3 Infrarot- und Bluetooth- Verbindungen

Die meisten einfachen Handys besitzen keine Datenkabel, sondern »nur« eine Infrarot- oder Bluetooth-Schnittstelle. Diese kann aber hervorragend zur Datenübertragung vom PC oder Notebook aus genutzt werden. Die meisten Notebooks verfügen heute über eingebaute Infrarotschnittstellen, für stationäre PCs gibt es externe Infrarotsender und Bluetooth-Sticks, die am USB-Port angeschlossen werden und im Windows-Geräte-Manager konfiguriert werden müssen. Viele Handys installieren auf dem PC spezielle Treiber, die im Systembereich der Taskleiste erscheinen und die die Standardeinstellungen für Infrarotverbindungen in Windows übergehen.

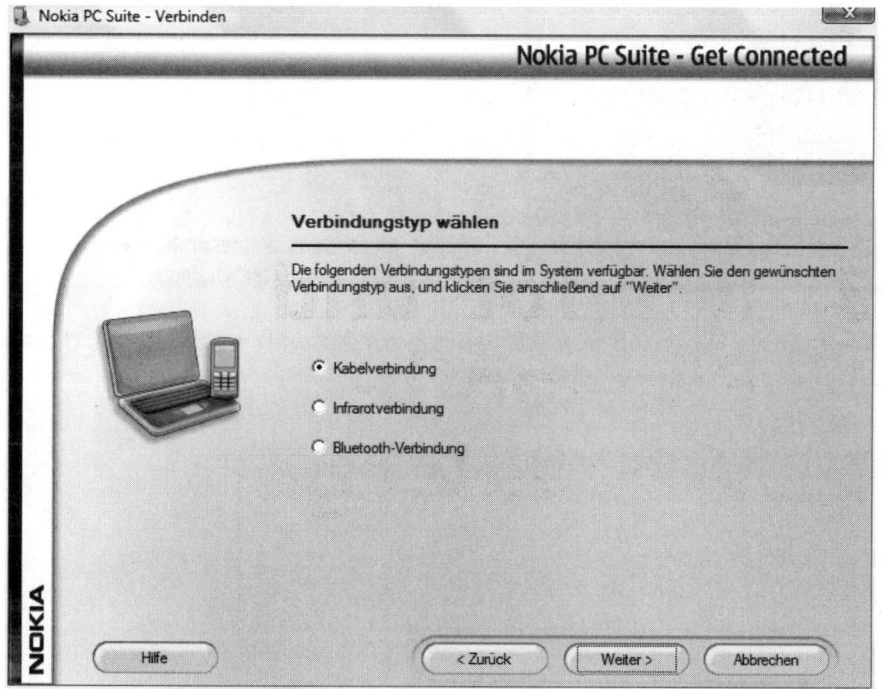

Bild 3.1 Die Nokia PC Suite steuert Kabel-, Infrarot-, Bluetooth- und USB-Verbindungen.

3.1   Infrarotverbindungen einrichten

Aber auch ohne Spezialsoftware ist eine einfache Datenübertragung zwischen PC und Handy in beide Richtungen möglich. Windows XP bietet hier überaus komfortable Funktionen zum Senden von Dateien per Infrarot an beliebige Geräte. Leider ist die Infrarotunterstützung in Windows Vista deutlich schlechter geworden. Kommt ein Gerät mit aktivem Infrarotport in die Reichweite des Infrarotports des PCs, erscheint automatisch ein Symbol in der Taskleiste. Voraussetzung dafür ist nur, dass in den Infraroteinstellungen der Schalter *Symbol für Infrarotaktivität in der Taskleiste anzeigen* eingeschaltet ist.

Bild 3.2 Eigenschaften einer drahtlosen Infrarotverbindung unter Windows XP.

Ein Klick auf dieses Symbol öffnet ein Fenster zur Auswahl von Dateien, die an das Smartphone gesendet werden sollen.

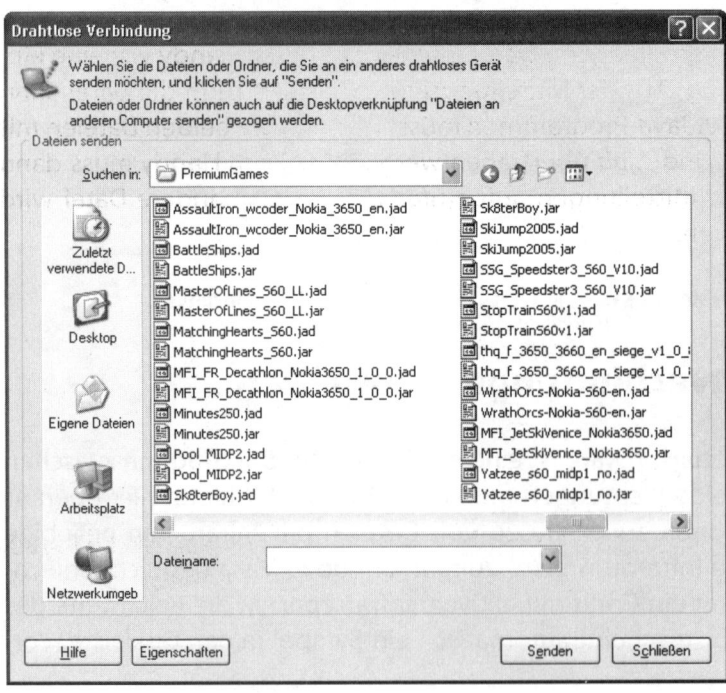

Bild 3.3 Auswahl der zu übertragen- den Dateien.

Java-Programme können auch mit der Windows-Systemfunktion *Senden an/ Computer in Reichweite* über das Kontextmenü einer Datei an das Handy verschickt werden. Viele Handys akzeptieren mit dieser Methode außer Programmen auch Bild- und Musikdateien.

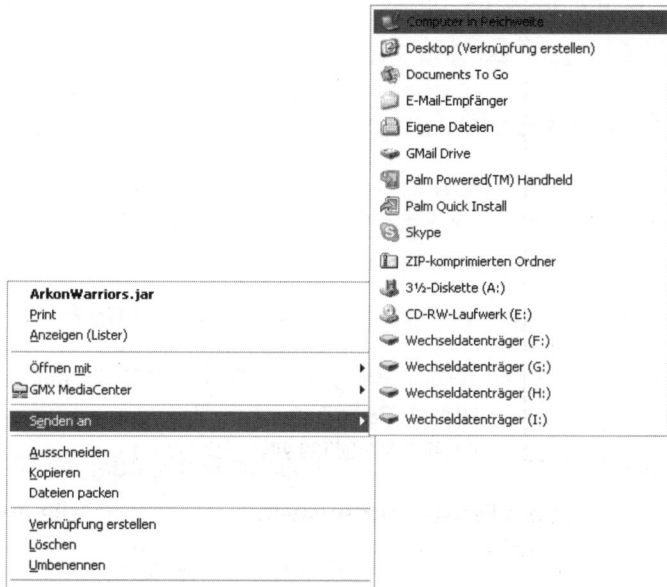

Bild 3.4 Dateien über das Kontextmenü an ein Handy senden.

Eine auf diese Weise empfangene Datei erscheint auf dem Handy wie eine eingegangene Mitteilung. Aus der Mitteilungsansicht heraus kann die Datei dann installiert werden. Bei Java-Programmen müssen immer die beiden Dateien mit den Endungen **.jar* und **.jad* übertragen werden. Auf dem Handy muss dann nur eine der beiden Mitteilungen aufgerufen werden, die andere Datei wird automatisch gefunden.

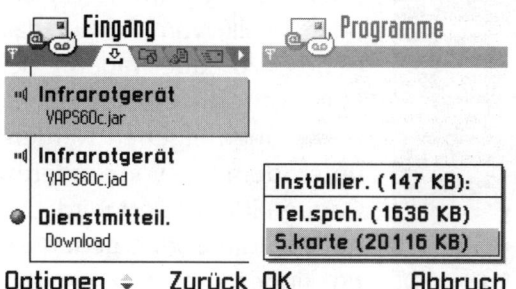

Bild 3.5 Installation eines Java-Programms per Infrarot auf dem Handy.

Viele Handys bieten bei der Installation die Auswahl an, das Programm im Hauptspeicher oder auf der Speicherkarte zu installieren. Der Hauptspeicher ist meistens begrenzt, Speicherkarten bieten mehr Platz. Außerdem gehen die Daten dort nicht verloren, wenn das Handy durch schwache Batterien oder einen Softwarefehler einen Hard Reset macht. Allerdings läuft nicht jedes Programm von Speicherkarten aus. Im Zweifelsfall hilft hier die Dokumentation des Softwareherstellers weiter.

Tipps für stabile Infrarotverbindungen

Sind die Infrarotschnittstellen auf dem PC und dem mobilen Gerät eingeschaltet und ist trotzdem keine Übertragung möglich, liegt der Fehler höchstwahrscheinlich an ungünstigen Umgebungsbedingungen:

- Halten Sie die Geräte ruhig oder legen Sie sie gegenüber auf einen Tisch.

- Achten Sie darauf, dass keine Gegenstände oder spiegelnde Flächen die Sicht zwischen beiden Geräten behindern oder ablenken.

- Vermeiden Sie flackerndes Licht (Neonröhren, Diskolicht, Feuer oder Ähnliches).

- Extreme Hitze oder Kälte beeinträchtigen die Infrarotübertragung.

- Beide IR-Schnittstellen müssen aktiv sein.

3.2   Bluetooth-Verbindungen einrichten

Bild 3.6   Bluetooth-Einstellungen in Symbian S60 1st und 3rd Edition.

Bluetooth-Verbindungen zwischen Handy und PC nutzen Sie dazu, Dateien aller Art, seien es Programme, Bilder oder Musik, vom PC auf das Handy zu übertragen. Bei Bluetooth verwendet jedes Gerät einen eigenen Namen, unter dem es von anderen Geräten identifiziert wird. Damit sich die Geräte gegenseitig finden, müssen sie auf *sichtbar* oder *erkennbar* geschaltet werden. Außerdem muss die Bluetooth-Funktion auf den Geräten eingeschaltet sein. Die Einstellungen dazu sind auf jedem Handy anders. Auf Nokia-Handys mit dem Symbian OS-Betriebssystem finden Sie die Bluetooth-Einstellungen unter *Verbindungen/Bluetooth* oder *System/Bluetooth*.

Bluetooth mit Windows XP und Vista

Seit dem Service Pack 2 bietet Windows XP eine integrierte Unterstützung für Bluetooth-Geräte. Dabei kann Bluetooth zur reinen Datenübertragung und auch zum drahtlosen Internetzugang eingerichtet werden. Die gleiche Funktionalität ist auch in Windows Vista enthalten. Fest eingebaute Bluetooth-Schnittstellen gibt es fast nur in Notebooks. Andere PCs lassen sich aber leicht mit Bluetooth nachrüsten. Bluetooth-Adapter in USB-Stick-Bauart sind in großer Auswahl zu günstigen Preisen im Zubehörhandel erhältlich. Allerdings laufen viele Bluetooth-Schnittstellen nur mit Windows XP und nicht mit Windows Vista.

1. Ist auf dem PC Bluetooth installiert, können beliebige Dateien aus dem Windows Explorer über das Kontextmenü *Senden an/Bluetooth-Gerät* auf ein mobiles Gerät übertragen werden.

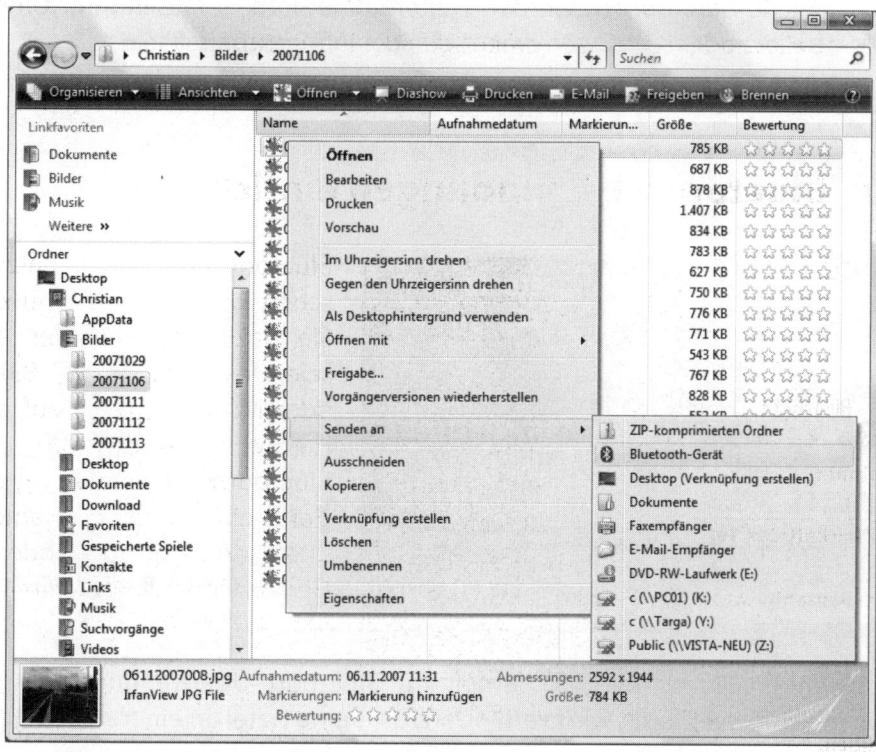

Bild 3.7 Datei per Bluetooth versenden.

2. An dieser Stelle erscheint der *Dateiübertragungs-Assistent für Bluetooth*, in dem Sie bei *Senden an* ein Bluetooth-Gerät auswählen müssen, hier ein Nokia N95.

3. Das zuletzt verwendete Bluetooth-Gerät ist automatisch ausgewählt, mit der Schaltfläche *Durchsuchen* werden weitere Bluetooth-Geräte in Ihrer Umgebung gesucht. Diese müssen dazu auf *Erkennbar* geschaltet sein.

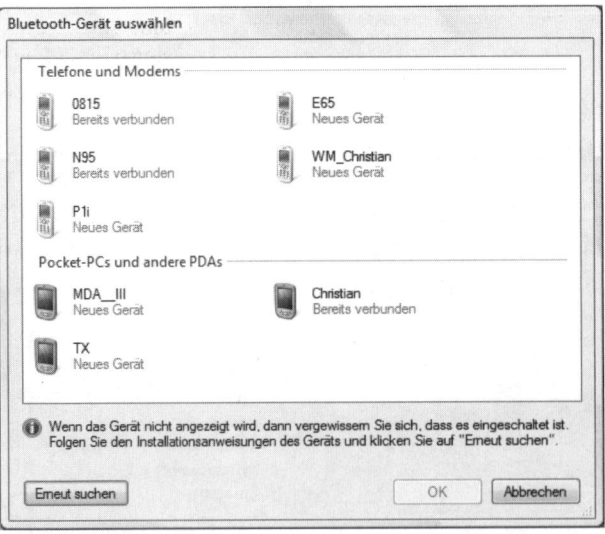

**Bild 3.9 Bluetooth-Geräte
in der Umgebung.**

4. Verwenden Sie zu Ihrer Sicherheit für Bluetooth-Übertragungen immer einen Schlüssel. Damit wird verhindert, dass eine Datei an ein fremdes Gerät

gesendet wird oder jemand anderer bei der Übertragung mitliest. Schalten Sie auf dem PC den Schalter *Hauptschlüssel verwenden* ein und geben Sie dort eine beliebige Ziffernkombination mit 8 bis 16 Stellen ein. Dieser Schlüssel wird für die Bluetooth-Kopplung verwendet und muss auch auf dem mobilen Gerät eingegeben werden. Dort erscheint beim Verbindungsversuch automatisch ein entsprechendes Eingabeformular auf dem Bildschirm. Zur Eingabe des Schlüssels ist nur eine begrenzte Zeit vorgesehen. Wurde nach etwa einer Minute nicht auf beiden Geräten derselbe Schlüssel eingegeben, wird die Verbindung verweigert.

5. Jetzt erst werden die Dateien übertragen. Die meisten Geräte versuchen als Erstes, eine per Bluetooth ankommende Datei als Nachricht zu interpretieren und mit dem E-Mail- oder Messaging-Programm zu öffnen. Je nach Handy werden einige Dateiformate wie zum Beispiel Fotos oder installierbare Anwendungen auch direkt interpretiert und gestartet. Kann ein Gerät mit einer ankommenden Datei nichts anfangen, wird üblicherweise die Möglichkeit angeboten, die Datei auf dem Gerät oder der Speicherkarte zu speichern.

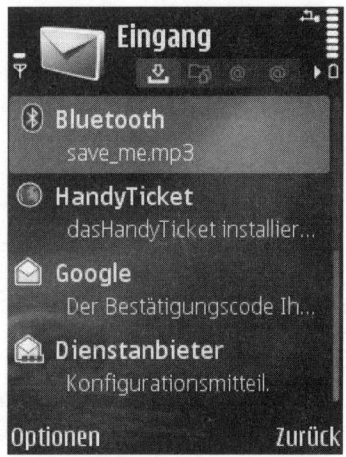

Bild 3.10   Per Bluetooth empfangenen Datei auf einem Nokia-Handy.

Daten vom Handy auf den PC übertragen

1. Möchten Sie eine Datei, zum Beispiel ein Foto, vom Handy auf den PC übertragen, klicken Sie auf das Bluetooth-Symbol in der Taskleiste. Wählen Sie im Kontextmenü den Eintrag *Datei empfangen*.

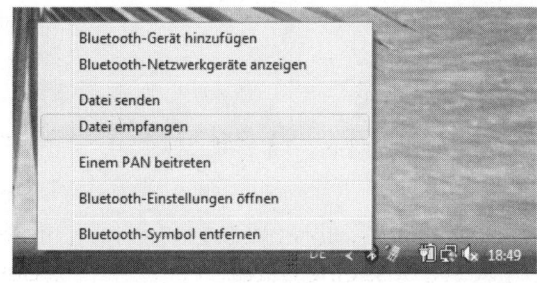

Bild 3.11   Das Menü zum Bluetooth-Symbol in der Taskleiste.

2. Es öffnet sich der *Dateiübertragungs-Assistent für Bluetooth*, der anzeigt, dass der PC auf eine Datei wartet, die per Bluetooth empfangen wird.

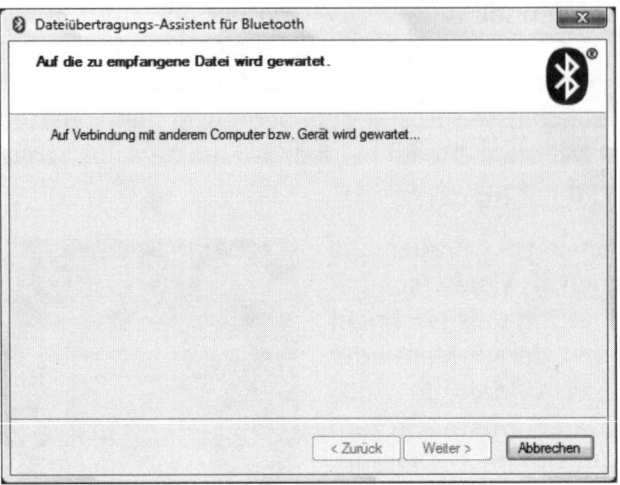

Bild 3.12 Warten auf den Bluetooth-Empfang.

3. Jetzt wählen Sie im Dateimanager des Handys die zu sendende Datei. Über den Menüpunkt *Optionen/Senden* wählen Sie als Sendemethode *Via Bluetooth*. Je nach Betriebssystem kann der entsprechende Menüpunkt auch anders lauten.

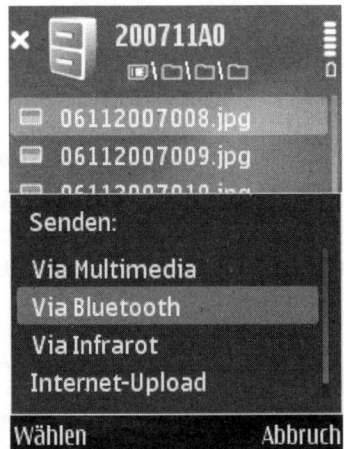

Bild 3.13 Datei vom Handy *Via Bluetooth* senden.

4. Abschließend wählen Sie auf Ihrem Handy noch das Gerät aus, auf das die Datei gesendet werden soll. Die Datei wird in diesem Beispiel vom lokalen PC empfangen. Jetzt müssen Sie nur noch einen Ordner auswählen, in den die Datei gespeichert werden soll.

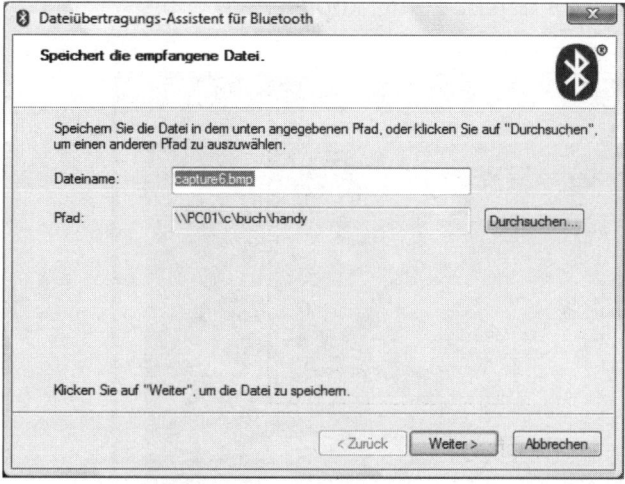

Bild 3.14 Empfangene Datei speichern.

Windows Vista bietet von sich aus leider nur eine Funktion an, um eine einzelne Datei per Bluetooth zu empfangen. Externe Tools ermöglichen auch den Empfang mehrerer Dateien oder bieten an, ein Handy wie ein Laufwerk oder Verzeichnis in den Windows Explorer zu integrieren.

Alternativen zur Standard-Bluetooth-Software

Vor dem Service Pack 2 von Windows XP war noch externe Kommunikationssoftware für die Bluetooth-Übertragung nötig. Viele dieser Programme funktionieren auch mit dem Service Pack 2 und bieten interessante Zusatzfunktionen, die die Kommunikation zwischen den Geräten erleichtern. Leider ist kaum eines diese Kommunikationsprogramme zu Windows Vista kompatibel.

Eine der bekanntesten Alternativen zur Standard-Bluetooth-Software von Windows XP ist *BlueSoleil* (*www.bluesoleil.com*), womit Bluetooth-Übertragungen über verschiedene Bluetooth-Adapter am PC möglich sind.

Ein Übersichtsbildschirm zeigt alle Bluetooth-Geräte in Reichweite an. Markiert man ein Gerät, werden in der oberen Symbolleiste die für das gewählte Gerät verfügbaren Funktionen angezeigt, wie zum Beispiel Dateiübertragung, E-Mail-

Versand oder Telefonfunktionen. Die Standard-Bluetooth-Funktionen von Windows XP senden Dateien einfach auf das Gerät, ohne die dort vorhandene Verzeichnisstruktur zu nutzen. BlueSoleil zeigt bei einer Datenverbindung das Standardverzeichnis des Geräts für empfangene Dateien an. Hier kann man in Unterverzeichnisse wechseln und auch Dateien sehen. Man kann ebenfalls Dateien vom mobilen Gerät auf den PC zurückkopieren.

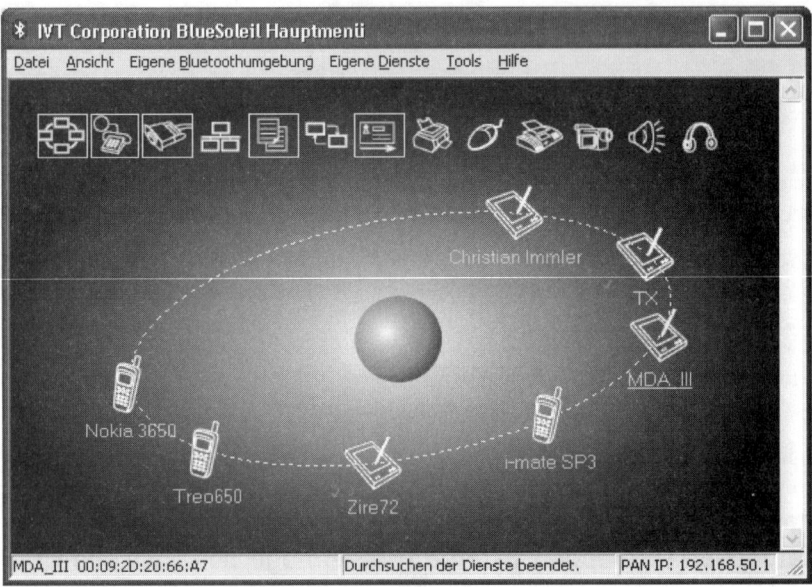

Bild 3.15 Übersichtsbildschirm von BlueSoleil.

Welches Verzeichnis für die Bluetooth-Kommunikation auf dem Handy genutzt wird, hängt vom Betriebssystem und teilweise auch vom Handymodell ab. Innerhalb dieses Verzeichnisses kann per Bluetooth weiter nach unten verzweigt werden; auch Unterverzeichnisse lassen sich anlegen. Weiter nach oben in der Verzeichnisstruktur des Geräts zu springen ist dagegen nicht möglich und aus Sicherheitsgründen auch nicht sinnvoll.

Bluetooth-Verbindungen mit der Nokia PC Suite

Die Nokia PC Suite ermöglicht Verbindungen zwischen PC und Handy über USB-Kabel sowie auch über Bluetooth. Nach der Einrichtung einer Verbindung integriert die Nokia PC Suite das Handy automatisch in den Windows Explorer. Der Gerätespeicher und die Speicherkarte werden als zwei Unterverzeichnisse des Geräts in der Baumstruktur des Explorers angezeigt.

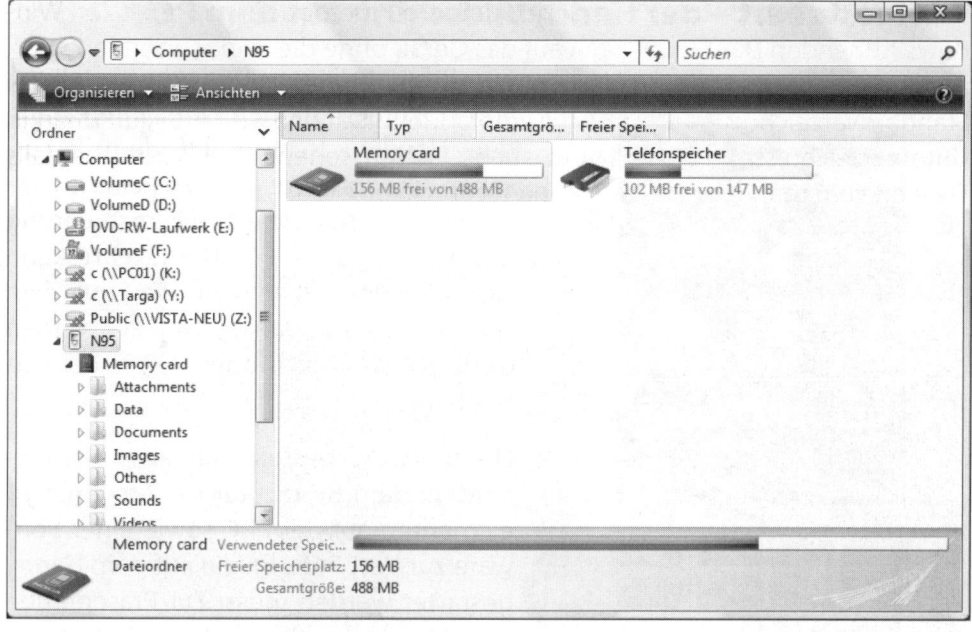

Bild 3.16 Das Handy, hier ein Nokia N95, im Windows Explorer.

Jedes Mal, wenn der Windows Explorer auf das Handy zugreift, erscheint dort eine Sicherheitsabfrage, die bestätigt werden muss. Wenn Sie regelmäßig Daten zwischen PC und Handy austauschen, empfiehlt es sich, die Verbindung der beiden Geräte dauerhaft zuzulassen. Diese Freigabe gilt nur für diesen einen PC. Es besteht also keine Gefahr, dass ein fremder PC unbemerkt auf das Handy zugreift. Dateien können jetzt sehr einfach in beiden Richtungen zwischen PC und Handy hin- und herkopiert werden.

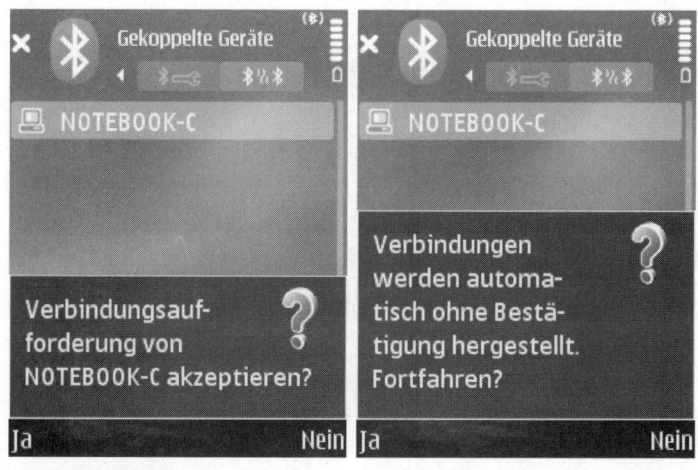

Bild 3.17 Die Verbindungsanforderung vom PC auf dem Handy.

Ferngesteuert – der Handybildschirm auf dem PC

Bild 3.18 Handyfernsteuerung Mobiola Remote Control.

Für Präsentationen und zur Erstellung von Dokumentationen ist es interessant, den Handybildschirm auf dem PC zu sehen. Die Software *Mobiola Remote Control* ermöglicht eine echte Fernsteuerung des Handys vom PC. Umgekehrt kann man auf dem PC sehen, was auf dem Handy passiert. Handy und PC werden dazu per Bluetooth oder USB-Kabel verbunden.

Die Software besteht aus zwei Komponenten: dem Betrachter mit Steuerungselementen auf dem PC sowie einer Software zur Verbindung, die auf dem Handy gestartet werden muss. Zur Präsentation vom Handy aus lässt sich das Programm auf dem PC in einen Vollbildmodus schalten, in dem die Navigationsschaltflächen ausgeblendet werden.

Mobiola Remote Control ermöglicht Screenshots des Handybildschirms und auch Videoaufzeichnungen, die als Datei abgespeichert oder über einen speziellen Webcam-Treiber auch direkt in Skype oder YouTube verwendet werden können.

3.3   Hinter den Kulissen der Datennetze

Am Anfang war es nur die SMS, die von einem Handy zum anderen übertragen wurde. Mittlerweile sind die Datenmengen deutlich umfangreicher geworden, mobiles Surfen und E-Mails gehören zum Alltag der meisten Handynutzer. Besonders zum Softwaredownload und zur Übertragung von Echtzeitdaten für Navigationssysteme, Online-Newsticker etc. sind schnelle Datennetze unverzichtbar.

GPRS – Standard mit Ecken und Kanten

Ein normaler GSM-Kanal kann auch zur Datenübertragung genutzt werden, bietet aber lediglich eine Bandbreite von 9,6 KBit/s, die sich mit speziellen Codierungsverfahren auf 14,4 KBit/s erhöhen lässt, was für moderne Internetanwendungen immer noch viel zu langsam ist. Die Lösung für diese Probleme bei der Datenübertragung liefert der General Packet Radio Service GPRS, zu Deutsch »Allgemeiner Paketfunkdienst«. Dieses System, das eine Erweiterung des bestehenden GSM-Standards darstellt, sendet Daten in kleinen Paketen, die beim Empfänger wieder zusammengesetzt werden, ähnlich wie bei der TCP/IP-Datenübertragung im Internet. GPRS nutzt sogenannte Zeitschlitze im GSM-Netz zum Versand der Datenpakete. Durch Kanalbündelung lassen sich so theoretisch bis zu 171,2 KBit/s erreichen, in der Praxis liegt die Grenze aber bei 53,6 KBit/s. Auch dieser Wert wird bei hoher Netzauslastung noch weiter unterschritten.

GPRS ermöglicht durch seine Paketstruktur erstmals die volumenbasierte Abrechnung von Datenübertragungen. Man bezahlt also nur die übertragenen Daten und nicht die Onlinezeit. Damit kann das Gerät ständig online sein, und man braucht nicht mehr die langen Einwahlzeiten für eine Internetverbindung abzuwarten. Die Verbindung zum Netzknoten besteht logisch während der ganzen Zeit. Eine tatsächliche physikalische Verbindung und Abrechnung erfolgt erst, wenn Daten fließen. Die meisten modernen Handys, die für Internetnutzung geeignet sind, unterstützen heute GPRS. Eine GPRS-Verbindung wird üblicherweise mit einem speziellen Symbol in der Nähe der Signalstärke auf dem Display angezeigt.

Der Unterschied zwischen CSD und GPRS ist vergleichbar mit dem zwischen ISDN und DSL. Bei ISDN wird die Verbindung jedes Mal manuell auf- und abgebaut und die Zeit berechnet. Bei DSL ist die Verbindung immer da, es wird nur bei Bedarf logisch getrennt. Die Abrechnung erfolgt hier meist nach Datenvolumen oder als unbegrenzte Flatrate.

Wer per GPRS im Internet surft, braucht sich beim Lesen einer Webseite nicht mehr zu beeilen. Ist die Seite einmal heruntergeladen, fallen keine Kosten mehr an. Allerdings sollte man nicht nur wegen der besseren Darstellung, sondern auch aus Kostengründen auf Handy- oder PDA-optimierte Seiten achten. Die üblichen Webseiten, die für PC-Nutzer gedacht sind, enthalten viele animierte Werbebanner mit großen Datenmengen, die man unterwegs noch weniger sehen möchte als zu Hause, da der Download von Werbung über GPRS viel mehr kostet. Besonders Banner, die sich nach einer bestimmten Zeit automatisch aktualisieren oder ändern, werden richtig teuer. Die meisten seriösen Webseitenbetreiber verzichten bei handyoptimierten Seiten auf grafische Werbung mit großen Datenmengen.

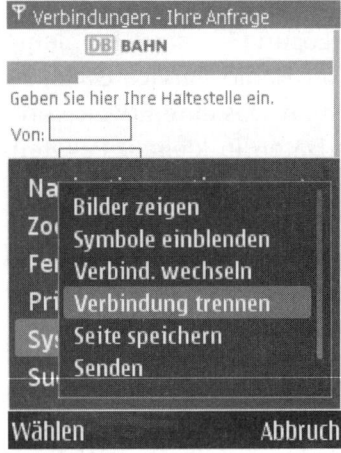

Bild 3.19   Datenverbindung im Browser trennen.

GPRS-Verbindungen trennen

GPRS-Verbindungen brauchen normalerweise nicht getrennt zu werden. Bei Discountanbietern werden sie aber teilweise noch nach Zeit abgerechnet. Außerdem trägt eine laufende GPRS-Verbindung schnell dazu bei, dass der Akku leer wird. Im *Optionen*-Menü des Webbrowsers finden Sie einen Menüpunkt, über den Sie eine bestehende Datenverbindung trennen können.

WAP – vom Vorteil zur Abzocke

Eine technisch interessante Lösung, die sich aber kaum durchsetzen konnte, ist das **W**ireless **A**pplication **P**rotocol WAP. Es ist eine Abwandlung des HTML-Standards, mit dem besonders schlanke Internetanwendungen speziell zur Nutzung auf mobilen Geräten möglich sind. Hier steht eindeutig der Informationsgehalt vor der Optik der Seiten. Mobilfunkanbieter wie auch Internetprovider nutzten diesen eigentlichen Vorteil von WAP zur Gegenwerbung und versuchen heute, ihren Kunden grafisch aufwendige mobile Internetseiten als Multimedia-Erlebnis schmackhaft zu machen, um an den dabei generierten hohen Datenvolumen reichlich zu verdienen.

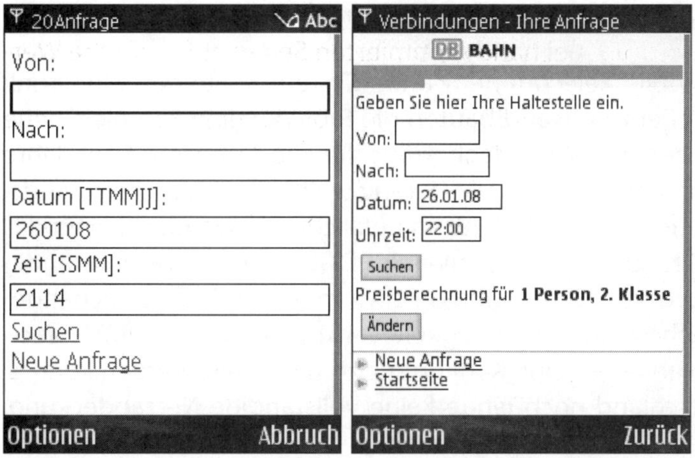

20Anfrage `⌃⌄ Abc` Von: [ ] Nach: [ ] Datum [TTMMJJ]: [260108] Zeit [SSMM]: [2114] Suchen Neue Anfrage **Optionen** **Abbruch**	**Verbindungen - Ihre Anfrage** **DB BAHN** Geben Sie hier Ihre Haltestelle ein. Von: [ ] Nach: [ ] Datum: [26.01.08] Uhrzeit: [22:00] Suchen Preisberechnung für **1 Person, 2. Klasse** Ändern ▸ Neue Anfrage ▸ Startseite **Optionen** **Zurück**

Bild 3.20 Fahrplanauskunft per WAP (links) oder mobile Webseite (rechts).

Die zurzeit am häufigsten genutzte WAP-Anwendung ist die Abfrage von Fahrplaninformationen unterwegs. Die Bahn und auch die meisten städtischen Verkehrsverbände bieten WAP-Formulare an, da diese schnell, kostengünstig und mit fast jedem Handy nutzbar sind. Zusätzlich gibt es mittlerweile auch Webseiten für mobile Browser, die zwar teilweise mehr Funktionen bieten, aber ein höheres Datenvolumen verursachen und auch nicht auf jedem Handy darstellbar sind.

EDGE – Aktuell und schneller als GPRS

Die Abkürzung EDGE, die im Zusammenhang mit vielen aktuellen Geräten zu finden ist, steht für **E**nhanced **D**ata Rates for **G**SM **E**volution. Durch ein Modulationsverfahren wird eine Datenübertragungsrate von bis zu 48 KBit/s pro Kanal im bestehenden GSM-Netz möglich. Bei Bündelung von acht Kanälen können theoretisch bis zu 384 KBit/s übertragen werden, ein Vielfaches der GPRS-Geschwindigkeit. In der Praxis betragen die Übertragungsraten etwas über 200 KBit/s. Ein großer Vorteil von EDGE gegenüber anderen ähnlich schnellen Techniken ist, dass die bestehende Netzwerkinfrastruktur weiterhin verwendet werden kann. Die EDGE-Technologie ist der von GPRS sehr ähnlich, in den Sendestationen müssen nur einige Komponenten ausgetauscht werden.

EDGE ist in zahlreichen europäischen Ländern und in weiten Teilen Asiens und Amerikas verfügbar. Die Abrechnung erfolgt wie bei GPRS nach übertragenem Datenvolumen. Die enge technische Verwandtschaft von EDGE und GPRS verhindert leider auch, dass einige Handys EDGE-Verbindungen explizit auf dem Display darstellen können. Sie werden als GPRS angezeigt, der Nutzer merkt den Unterschied nur an der höheren Übertragungsrate.

UMTS und HSDPA – Konkurrenz für DSL

UMTS, das **U**niversal **M**obile **T**elecommunication **S**ystem, sollte den Mobilfunk revolutionieren. Mit großem Aufwand bauten die Provider eine komplett neue Netzinfrastruktur und zahlten Milliardenbeträge für die Lizenzen. Fünf Jahre nachdem auf der Isle of Man das erste UMTS-Netz weltweit eingerichtet wurde, sieht die Realität eher nüchtern aus. Es fehlt an nützlichen Anwendungen für das neue Netz, das mit 384 KBit/s kaum schneller als EDGE ist, aber eine vollständig neue Infrastruktur erfordert. DSL-Anschlüsse sind mittlerweile fast flächendeckend mit deutlich höherer Geschwindigkeit verfügbar, sodass UMTS auch nicht, wie ursprünglich erwartet, eine Konkurrenz zum Festnetz werden konnte. UMTS erreicht in Deutschland noch lange keine vollständige Netzabdeckung, viele Regionen sind weiterhin unversorgt. Auch weltweit machen die 32 Millionen UMTS-Nutzer nur einen verschwindend geringen Bruchteil der insgesamt 1,5 Milliarden Handybesitzer aus.

Mit HSDPA, gehandelt als UMTS-Nachfolger, sind in der Anfangsphase schon 1,2 MBit/s möglich, was einem einfachen DSL-Anschluss entspricht. Die neuen Codierungsverfahren können theoretisch bis zu 14,4 MBit/s leisten, was HSDPA zu einer ernsthaften DSL-Konkurrenz machen könnte. Durch bessere Modulationsverfahren und adaptive Fehlerkorrektur zusammen mit einer aktiven Strahlformung, einer geschickten Zusammenschaltung mehrerer Antennen, sind in der Zukunft sogar Übertragungsraten von bis zu 50 MBit/s denkbar. Das wäre dann ein Vielfaches der heutigen DSL-Technik. Mittlerweile sind bereits viele aktuelle Handys HSDPA-fähig.

4 Unified Messaging – SMS, E-Mail & Co.

Die Abkürzung UMS steht für **U**nified **M**essaging **S**ervice und bezeichnet Onlinedienste, die unter einem persönlichen Benutzerkonto verschiedene Kommunikationsformen wie SMS, E-Mail, Fax und Telefon zusammenfassen. Einige der großen E-Mail-Provider wie WEB.DE, Freenet oder Arcor bieten diesen Dienst mittlerweile in einfacher Form sogar kostenlos an. Viele der Dienste lassen sich auch zusammen mit einem Handy sehr nutzbringend einsetzen.

4.1 SMS kostengünstig per Internet versenden

SMS vom PC über das Internet zu verschicken ist deutlich günstiger als vom Handy aus – in vielen Fällen sogar ganz kostenlos. Kostenlos über das Internet versendete SMS können in den meisten Fällen keine 160 Zeichen enthalten, da am Ende eine Werbung angehängt wird. Man unterscheidet zwischen zwei Arten von Anbietern:

SMS-Versand ohne Anmeldung – Hier kann man, solange noch Kontingente verfügbar sind, direkt eine SMS verschicken. Als Absendernummer wird eine Nummer des Anbieters übertragen. Der Empfänger kann die SMS also nicht beantworten.

SMS-Versand mit Anmeldung – Bei diesen Anbietern muss man sich einmal mit seiner eigenen Handynummer anmelden und bekommt auf dieses Handy einen Bestätigungscode, der bei der Anmeldung eingegeben werden muss. Danach werden die SMS mit der eigenen Absendernummer verschickt, können also vom Empfänger direkt beantwortet werden.

Die anmeldefreien Anbieter haben Tageskontingente, die bei den bekannteren Anbietern allerdings sehr schnell verbraucht sind. Einige Anbieter schalten auch stündlich neue Kontingente frei. Sollte ein Anbieter zurzeit kein Kontingent mehr frei haben, nehmen Sie einen anderen oder warten die nächste Kontingentfreischaltung ab. Auf den meisten Seiten wird der genaue Zeitpunkt der nächsten Freischaltung angezeigt.

Eine Tabelle anmeldefreier SMS-Anbieter finden Sie auf unserem Weblog *www.handybuch.tk*.

SMS-Versand mit dem GMX-SMS-Manager

GMX bietet seinen Kunden eine Software zum SMS-Versand über das Internet an. Nach einer einmaligen Registrierung kann man hier ein bestimmtes Kontingent an SMS mit der eigenen Handynummer als Absender verschicken. Zeitversetzter Versand ist möglich, und man kann ein Adressbuch mit häufig verwendeten Empfängern anlegen.

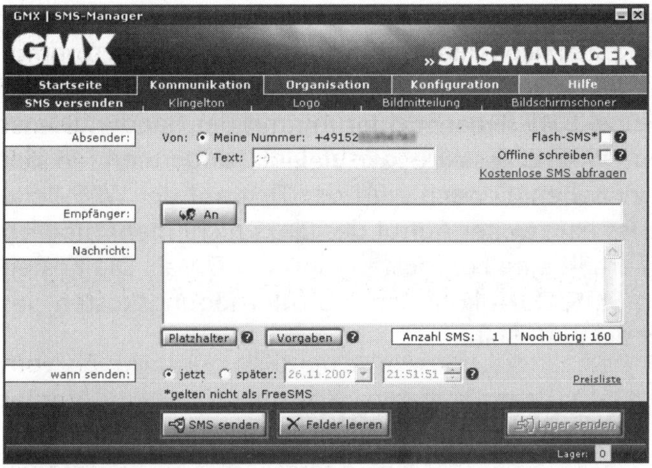

Bild 4.1 Der SMS-Manager von GMX.

SMS via E-Mail-Client bei WEB.DE

WEB.DE-Kunden können SMS mit ihrem normalen E-Mail-Programm über den SMTP-Server von WEB.DE verschicken. Als Empfängeradresse trägt man die Handynummer des Empfängers gefolgt vom Zusatz *@sms.web.de* ein, z. B. *0172 123456@sms.web.de*.

Umgekehrt kann man mit einer E-Mail-Adresse bei WEB.DE auch SMS empfangen. Der Absender muss diese SMS von seinem Handy an eine spezielle Gateway-Nummer schicken. Im Text der SMS muss als Erstes die E-Mail-Adresse des Empfängers bei WEB.DE gefolgt von einem Leerzeichen stehen. Die folgende Tabelle zeigt die Empfängernummern für SMS an WEB.DE-E-Mail-Adressen.

Netzbetreiber	WEB.DE-SMS-Gateway
T-Mobile	73206
Vodafone	82899
E-Plus	0163-3432943
O2	9323

Vertrauliche SMS mit Selbstzerstörung

Seit nach dem letzten Urteil des Bundesverfassungsgerichts die polizeiliche Beschlagnahmung von Handys zulässig ist, machen sich immer mehr Nutzer Gedanken um ihre privaten Daten auf den Geräten. Der neue Dienst secretSMS der Berliner Firma MMSCLICK (*www.mmsclick.de*) bietet erstmalig in Deutschland vertrauliche SMS an, die sich nach dem ersten Lesen selbst löschen. Ähnliche Dienste sind in anderen Ländern schon länger verfügbar. Der Empfänger erhält zunächst nur eine kurze SMS-Benachrichtigung mit der Handynummer des Absenders und einem WAP-Link. Wird dieser Link aufgerufen, ist der eigentliche Text der SMS zu sehen. Danach wird der Text auf der WAP-Seite automatisch gelöscht, sodass ein zweiter Aufruf des Links nicht mehr möglich ist. Der Absender der SMS erhält eine Lesebestätigung per E-Mail. Die Kosten liegen bei ca. 12 Cent pro SMS. Dazu kommen die Übertragungskosten des eigenen Netzbetreibers für die WAP-Seite.

Absendernummer einer SMS frei wählen

Der britische Anbieter Sharpmail (*www.sharpmail.co.uk*) bietet einen SMS-Dienst im Internet an, bei dem man die Absendernummer einer SMS frei wählen kann. Der Anbieter trägt keinerlei Werbekennzeichnung in die SMS ein und bietet seinen Kunden sogar eine Zustellbestätigung. SMS, die über diesen Dienst verschickt werden, lassen sich also von den echten SMS eines Handys nicht unterscheiden. Um sich selbst abzusichern, verlangt der Anbieter bei der Anmeldung, eine »Terms of use«-Vereinbarung zu bestätigen, in der steht, zu welchen Zwecken der Dienst genutzt werden darf und wozu nicht.

4.2 Jede E-Mail-Adresse auf dem Handy nutzen

Auf keinem anderen Weg als über eine E-Mail lassen sich Informationen und auch Daten so schnell an fast jeden Ort der Welt schicken. Was liegt also näher, als seine E-Mails auch unterwegs jederzeit verfügbar zu haben? Viele Handys besitzen bereits ein vorinstalliertes E-Mail-Programm, das die Nachrichten über GPRS empfängt und sendet. Die Mobilfunknetzbetreiber versuchen, ihre Nutzer davon zu überzeugen, spezielle E-Mail-Adressen beim Provider zu nutzen, um diese mobil abfragen zu können. Dabei ist das gar nicht nötig! Jede E-Mail-Adresse, die per POP3 auf dem PC gelesen wird, kann auch auf dem Handy genutzt werden. Das gilt sowohl für Adressen von Firmen wie auch für kostenlose Adressen bei E-Mail-Anbietern.

Ein neues E-Mail-Konto einrichten

Bevor man die erste E-Mail schreibt, muss man ein sogenanntes Konto einrichten. Dieses enthält die eigene E-Mail-Adresse, Zugangsdaten für den Mailserver und verschiedene weitere Einstellungen. Die Einstellungen in den E-Mail-Programmen auf Handys sind die gleichen, die auch für E-Mail-Programme auf PCs verwendet werden. Für die folgenden Schritte benötigen Sie die Zugangsdaten für Ihre E-Mail-Adresse. Diese haben Sie üblicherweise vom Provider bekommen. Wenn Sie noch keine E-Mail-Adresse haben, können Sie kostenlos eine anlegen. Die bekanntesten Anbieter kostenloser E-Mail-Adressen im deutschsprachigen Raum sind *gmx.de*, *web.de*, *googlemail.com*, *freenet.de* und *arcor.de*.

Gehen Sie einfach auf die Seite eines der kostenlosen E-Mail-Anbieter und legen Sie dort eine neue E-Mail-Adresse an. Zur Anmeldung sind einige persönliche Daten erforderlich. Wundern Sie sich nicht, wenn besonders bei häufig vorkommenden Namen die klassische Form der E-Mail-Adresse *vorname.nachname@xxx* nicht mehr verfügbar ist. Allein GMX, der größte deutsche Anbieter kostenloser E-Mail-Adressen, hat über 12 Millionen Nutzer.

Beachten Sie bei der Wahl einer E-Mail-Adresse, dass der Benutzername im E-Mail-Programm auf Nokia-Handys auf 32 Zeichen begrenzt ist.

Zur Konfiguration des E-Mail-Kontos auf dem Handy brauchen Sie neben Ihrer E-Mail-Adresse noch den Namen des Mailservers, den Benutzernamen und das Passwort. Jeder E-Mail-Provider gibt seinen Mailservern eigene Namen. Auch die Schemata, nach denen sich die Benutzernamen zusammensetzen, sind teilweise unterschiedlich. Die Tabelle zeigt die Daten für die bekanntesten Anbieter:

Provider	Posteingang	Postausgang	Benutzername
GMX	Pop.gmx.net	mail.gmx.net	E-Mail-Adresse
WEB.DE	Pop3.web.de	smtp.web.de	Name vor dem @-Zeichen
Google Mail	Pop.gmail.com	smtp.gmail.com	E-Mail-Adresse
Freenet	Pop3.freenet.de	mx.freenet.de	E-Mail-Adresse
Arcor	pop3.arcor.de	mail.arcor.de	Name vor dem @-Zeichen

Kontotypen – POP3 oder IMAP?

Neben POP3 ist IMAP (**I**nternet **M**essage **A**ccess **P**rotocol) ein weiteres Protokoll zum Zugriff auf einen Mailserver. Immer mehr E-Mail-Anbieter bieten auch in den kostenlosen E-Mail-Angeboten wahlweise einen IMAP-Zugang an. Im Unterschied zu POP3 verbleibt auf dem IMAP-Server eine zentrale Datenbank der E-Mails. Hier wird gespeichert, welche Mails bereits auf den lokalen Computer heruntergeladen wurden. So können Sie von einem anderen Standort aus leichter auf Ihre Mails zugreifen, auch wenn Sie diese bereits einmal heruntergeladen haben. Bei langsamen Internetverbindungen sollten Sie lieber die

POP3-Variante benutzen. Hier kann ein IMAP-Zugriff sehr lange dauern. Die meisten E-Mail-Programme auf Handys unterstützen nur die wichtigsten Grundfunktionen von IMAP. So ist es unterwegs meist nicht möglich, Ordner zu verschieben. Auch Filterregeln funktionieren mit IMAP oft nur eingeschränkt. Mailprogramme auf dem PC wie *Thunderbird* bieten hier deutlich mehr Funktionalität, die man aber unterwegs ebenfalls nicht braucht.

Der genaue Vorgang der Konfiguration eines E-Mail-Kontos ist bei jedem Handy anders. Die Namen der einzelnen Parameter sind aber gleich, man findet sie nur an unterschiedlichen Stellen im Menü. Zur Orientierung beschreiben wir die Konfiguration auf den großen standardisierten Betriebssystemen Symbian OS und Windows Mobile.

Nokia S60-Handy für E-Mail konfigurieren

Auf vielen Handys ist der Mailserver vom Mobilfunkanbieter voreingestellt. Gerade auf Symbian OS-Geräten ist es ein Leichtes, die Konfiguration zu ändern und einen beliebigen E-Mail-Anbieter einzutragen. So können Sie Ihre gewohnte E-Mail-Adresse auch auf dem Handy weiterhin verwenden.

1. Achten Sie vor der Konfiguration darauf, dass auf dem Handy eine Datenverbindung eingerichtet ist. Die Datenverbindung hängt vom jeweiligen Netzbetreiber ab, die Mailbox vom E-Mail-Provider. Dies können durchaus unterschiedliche Anbieter sein.

2. Die *Einstellungen* für E-Mail-Konten liegen bei Symbian OS ein wenig versteckt. Sie befinden sich nicht innerhalb der normalen Einstellungen, sondern innerhalb des Programms *Mitteilungen*. Diese Anwendung wird nicht nur für SMS, sondern auch für E-Mails verwendet.

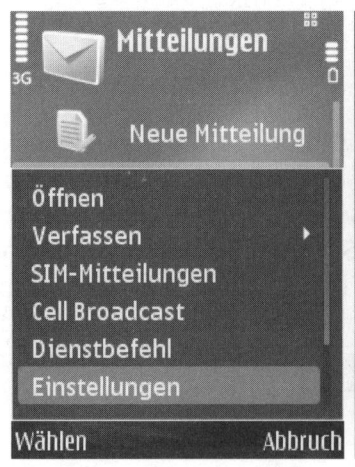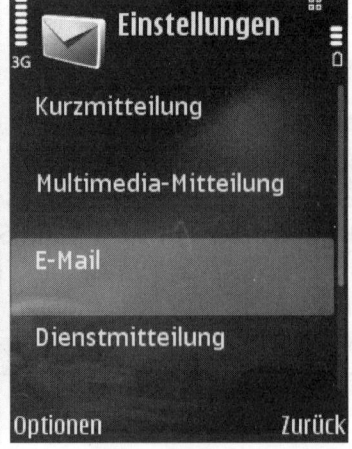

Bild 4.2 E-Mail-Einstellungen im Programm *Mitteilungen*.

3. Im Menü *Einstellungen* wählen Sie *E-Mail*. Für den Fall, dass auf dem Handy per Branding bereits eine Mailbox eingerichtet ist, können Sie über das Menü eine zusätzliche anlegen und später das Standardkonto wechseln. Die eigentliche Konfiguration beginnt mit der Festlegung des Mailbox-Typs. Zur Auswahl stehen die Optionen *IMAP4* und *POP3*.

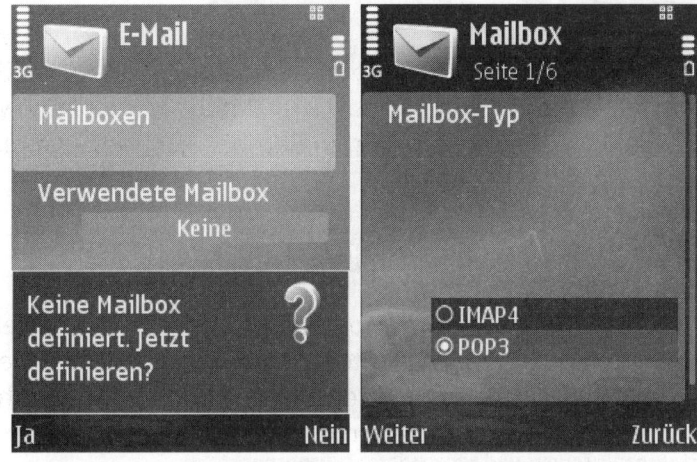

Bild 4.3 Neue Mailbox für E-Mails anlegen.

4. Jetzt tragen Sie die E-Mail-Adresse ein, die für das neue E-Mail-Konto verwendet werden soll. Diese Adresse wird für ausgehende E-Mails genutzt, kann also eine andere sein als die Adresse, die auf dem Mailserver abgefragt wird. Wenn Sie Weiterleitungen nutzen, geben Sie hier die E-Mail-Adresse an, deren Mails auch auf dem Handy ankommen, damit Sie eine Antwort auf eine mobil gesendete Mail auch wirklich wieder mobil empfangen können.

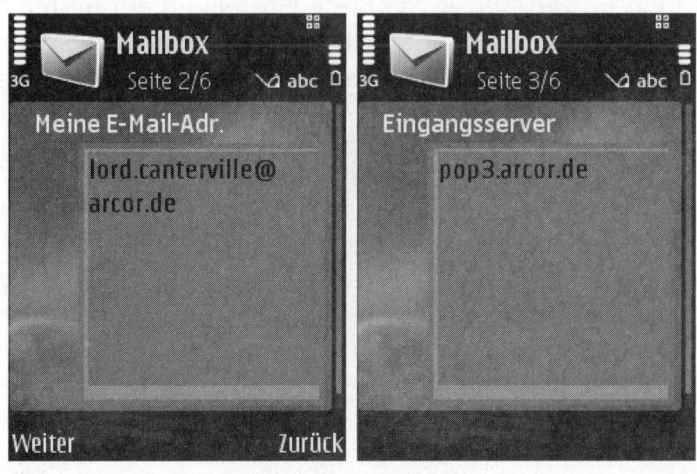

Bild 4.4 E-Mail-Adresse und Name des Posteingangsservers.

5. Nun tragen Sie den Namen des Posteingangsservers und des SMTP-Servers zum Versenden Ihrer E-Mails ein. Bei der Eingabe der Servernamen ist der Domainname anhand der eingetragenen E-Mail-Adresse bereits voreingestellt, sodass Sie sich diese Eingabe sparen können.

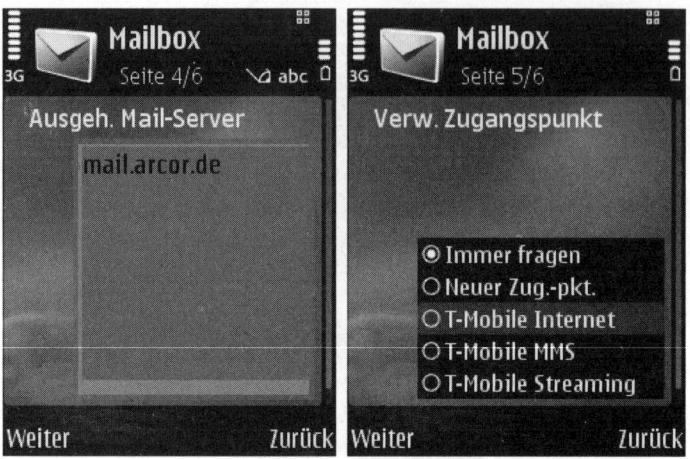

Bild 4.5 Name des Postausgangsservers und verwendeter Zugangspunkt.

6. Wichtig ist der verwendete Zugangspunkt zur Datenübertragung. Dieser muss zuvor bereits auf dem Handy angelegt sein. Zum Zugriff auf normale POP3-Server im Internet verwenden Sie am besten einen direkten GPRS-Zugangspunkt und keines der providerspezifischen Portale, wie zum Beispiel Vodafone Live. Wenn Sie zu Hause oder im Büro Ihre E-Mails kostenfrei per WLAN abfragen möchten und nur unterwegs eine kostenpflichtige Mobilfunkverbindung nutzen, setzen Sie diese Einstellung am besten auf *Immer fragen*. Sie können dann jedes Mal selbst entscheiden, ob die Verbindung zum Mailserver über das Mobilfunknetz oder über WLAN aufgebaut werden soll.

7. Jede Mailbox braucht einen Namen, der beliebig gewählt werden kann. Er dient nur der Identifizierung, wenn mehrere Mailboxen definiert sind. Nachdem Sie diesen Namen eingetragen oder die Vorgabe bestätigt haben, wird die Mailbox angelegt. Vor der ersten Benutzung sind aber noch einige weitere Einstellungen vorzunehmen.

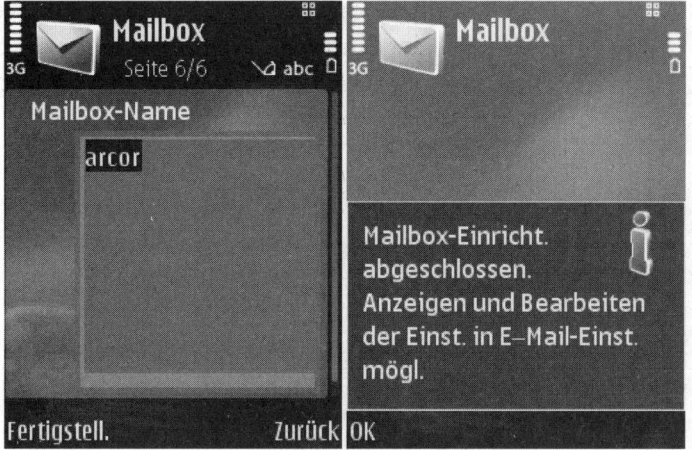

Bild 4.6 Abschluss der Mailboxeinrichtung.

Markieren Sie dazu in der Liste der verfügbaren Mailboxen die neu einge-richtete Mailbox und wählen Sie die Option *Verbindungseinstell.*

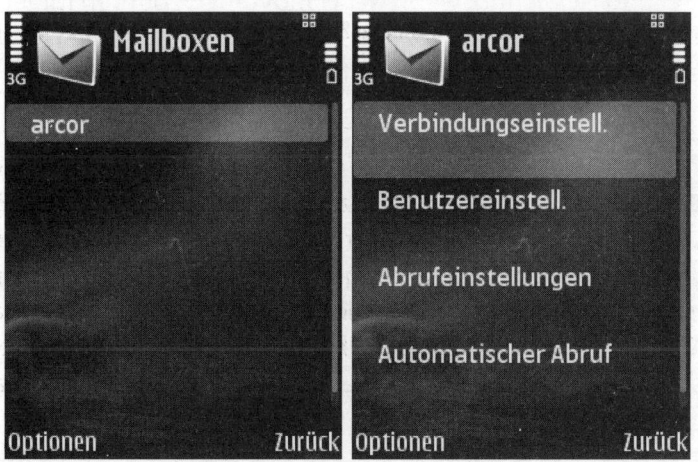

Bild 4.7 Verbindungseinstellungen für eine Mailbox ändern.

8. Tragen Sie in den Verbindungseinstellungen für *Eingehende E-Mails* den Benutzernamen und das Passwort zum Zugriff auf den Posteingangsserver, POP3 oder IMAP, ein. Diese Daten erhalten Sie von Ihrem E-Mail-Anbieter.

Bild 4.8 Einstellungen für eingehende E-Mails.

9. In den Einstellungen für *Ausgehende E-Mails* tragen Sie den Namen ein, der beim Empfänger Ihrer E-Mails angezeigt werden soll. Hier können Sie auch noch festlegen, wann neue E-Mails versendet werden sollen, direkt nach dem Schreiben oder erst wenn die nächste Internetverbindung aufgebaut wird. Diese Einstellung ist wichtig, wenn der Handytarif Gebühren für jeden Verbindungsaufbau berechnet. In diesem Fall lohnt es sich, erst einige E-Mails zu schreiben und diese dann alle auf einmal zu versenden.

Bild 4.9 Einstellungen für ausgehende E-Mails und Abrufeinstellungen.

10. Verwenden Sie E-Mail-Weiterleitungen zwischen verschiedenen Adressen und lassen Sie sich bestimmte E-Mails über Filterregeln an eine spezielle Adresse schicken, die vom Handy abgefragt wird, können Sie sich Kopien gesendeter E-Mails an Ihre eigene Adresse schicken, um sie auf dem PC jederzeit verfügbar zu haben. Diese Kopien sollten natürlich mit entsprechenden

Filterregeln behandelt werden, sodass sie nicht wieder auf das Handy zurückkommen. Unter *E-Mail-Abruf* legen Sie fest, ob nur die Überschrift, ein bestimmter Teil des Mailtexts, zum Beispiel die ersten 100 KByte, oder die gesamte E-Mail einschließlich Anhängen heruntergeladen werden soll.

11. Nachdem alle Einstellungen vorgenommen wurden, erscheint die Mailbox unter dem am Anfang gewählten Namen in der Liste. Jetzt können Sie eine Verbindung zum Mailserver aufbauen und die E-Mails auf das Handy herunterladen.

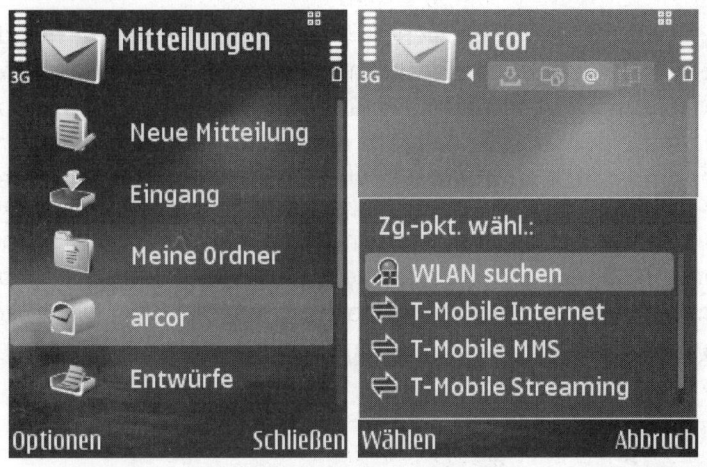

Bild 4.10 Verbindung zum Mailserver aufbauen.

12. Wenn Sie in den Verbindungseinstellungen *Immer fragen* ausgewählt haben, müssen Sie jetzt einen Zugangspunkt wählen. Auf Handys mit WLAN-Unterstützung können Sie an dieser Stelle nach einem WLAN in Reichweite suchen. Danach werden die E-Mails vom Server abgerufen und können gelesen sowie beantwortet werden.

Bild 4.11 E-Mails abrufen.

Auf den Texteingabemodus umschalten

Die meisten Handys schalten Eingabefelder für Text automatisch in den Texteingabemodus. Sollte das Feld für die E-Mail-Adresse beim Drücken der Tasten nur Zahlen anzeigen, müssen Sie selbst auf den Texteingabemodus umschalten. Bei den meisten Handys funktioniert das mit der Taste ⌗ oder einer speziellen mit ⊤9 gekennzeichneten Taste. Das @-Zeichen für die E-Mail-Adresse erreichen Sie durch mehrfaches Drücken der Taste 1 .

Exkurs in die deutsche Rechtschreibung

Wie bei vielen Kunstwörtern ergeben sich auch im Zusammenhang mit dem Wort E-Mail immer wieder Fragen zur deutschen Rechtschreibung und Grammatik. Zur Unterscheidung von »Email«, der eingebrannten Glasur auf Töpfen und Badewannen, schreibt man »E-Mail« immer mit Bindestrich. Nur in der Verbform kann der Bindestrich weggelassen werden. Wer eine E-Mail schreibt, kann also e-mailen oder emailen. Wer dies allerdings in der Vergangenheit tat, hat geemailt. Hier würde der Bindestrich als Fremdkörper wirken. Über das Geschlecht einer E-Mail gibt es unterschiedliche Ansichten. In diesem Buch verwenden wir die feminine Form, die auch der Duden bevorzugt. In Österreich und der Schweiz ist dagegen das Neutrum üblich: das E-Mail.

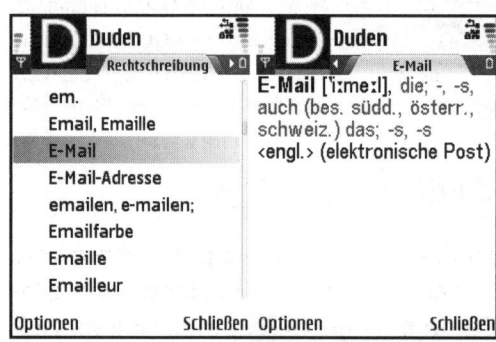

Bild 4.12 E-Mail im Duden auf dem Nokia N95.

Kriterien für die mobile E-Mail-Nutzung

Welche E-Mails man unterwegs herunterladen möchte, hängt vom persönlichen Nutzungsverhalten sowie vom verwendeten Datentarif ab. Je teurer die Transferkosten, desto weniger Mails möchte man unterwegs lesen. Weitere Kriterien sind der begrenzte Speicherplatz auf dem Handy und die relativ langsame Verbindung, die sich besonders bei der Übertragung großer Mails bemerkbar macht.

Wer dieselbe E-Mail-Adresse fürs Handy wie auch für den PC benutzt, braucht unterwegs nur die Mails aus dem Zeitraum seit der letzten PC-Benutzung. Je nach Dauer einer Reise kann dieser Zeitraum entsprechend eingestellt werden. Diese Einstellung muss jedes Mal manuell angepasst werden und hat dazu das Problem, dass E-Mails mit falschem Absendedatum ignoriert werden. Einfacher ist es, immer alle Mails abzurufen und das E-Mail-Programm auf dem PC so ein-zustellen, dass E-Mails nach dem Abruf automatisch auf dem Server gelöscht werden. So liegen auf dem Server immer nur solche Mails, die auf dem PC noch nicht gelesen wurden – genau die können dann unterwegs vom Handy abge-rufen werden.

Wer viele Mails bekommt, sollte sie nicht komplett herunterladen, sondern nur die ersten 500 oder 1.000 Byte. Auf 100 Byte lässt sich einiges sagen. Man braucht keine Transferkosten für Mails mit langen Anhängen, Newsletter und Ähnliches zu bezahlen. Spam lässt sich sofort erkennen und löschen. Hier reicht es sogar, nur die Kopfzeilen herunterzuladen.

4.3 Google Mail auf Nokia-Handys

Google Mail ist ein sehr erfolgreicher Versuch, einen völlig neuartigen Web-maildienst zu entwickeln, der in erster Linie auf Komfort in der Benutzung setzt und nicht auf kommerzielle Werbung und Vermarktung. In einigen Ländern tritt Google Mail auch unter dem Namen GMail auf. Die Startseite zur Anmel-dung finden Sie unter *www.googlemail.com*.

Google Mail für Nokia S60 3rd Edition-Handys

Google Mail ist eigentlich für die komfortable Onlinenutzung per Webbrowser gedacht, kann aber auch auf dem Handy genutzt werden. Für Handys mit gro-ßen Displays, wie zum Beispiel S60 3rd Edition, bietet Google Mail eine speziell angepasste Webseite, auf der die meisten Funktionen von Google Mail wie auf dem PC genutzt werden können. In diesem Fall ist auch keine spezielle Konfi-guration erforderlich.

Sollte die automatische Browsererkennung nicht funktionieren, verwenden Sie die Seite *m.googlemail.com*. Dies ist zum Beispiel im mobilen Opera-Browser der Fall. Allerdings stellt Opera selbstständig die normale Google Mail-Webseite so gut optimiert dar, dass diese Anzeige eine wirkliche Alternative zur mobilen Version von Google ist.

Bild 4.13   Google Mail im Webbrowser des Nokia N95.

Bild 4.14   Links: *www.googlemail.com* **nicht browseroptimiert, rechts:**
m.googlemail.com **im Opera-Browser auf einem Nokia-Handy.**

Google Mail per POP3 nutzen

1. Zunächst schalten Sie in Google Mail den POP3-Zugang frei. Die Einstellungen dazu finden Sie in den Google Mail-*Einstellungen* im Register *Weiterleitung und POP*. Google verwendet im Gegensatz zu vielen anderen E-Mail-Anbietern nicht denselben Server für Webmail und POP3. Die Mails können auf einen speziellen POP3-Server gespiegelt werden, dabei können Sie auswählen, ob alle vorhandenen Mails oder nur neue per POP-Download zur Verfügung gestellt werden sollen.

   Wenn Sie Ihre E-Mails auf dem Handy lesen wollen, brauchen Sie dort nicht sämtliche alten Mails, sondern nur die, die neu ankommen. Mit der Einstellung *POP nur für ab jetzt eingehende Nachrichten aktivieren* sparen Sie nicht nur Speicherplatz auf dem Handy, sondern auch die Kosten für die Übertragung aller alten Mails.

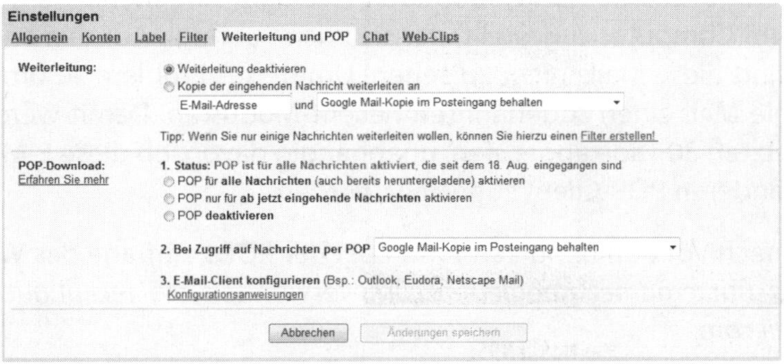

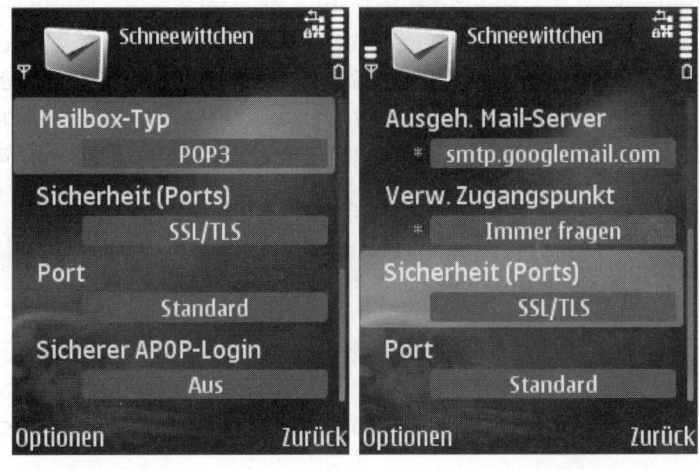

Bild 4.15 Einstellungen für den POP-Download bei Google Mail.

Um auch neue Mails weiterhin über die Weboberfläche von Google Mail bearbeiten zu können, wählen Sie noch die Option *Google Mail-Kopie in Posteingang behalten*. Durch die Verwendung unabhängiger Server für POP-Mail und Webmail bleiben die Mails für Webmail auch erhalten, wenn sie per POP3 gelöscht worden sind.

2. Die besonderen Einstellungen für Google Mail müssen auf dem Handy manuell eingetragen werden. Der Servername für den Eingangsserver lautet *pop.googlemail.com*, der Ausgangsserver heißt *smtp.googlemail.com*. Für beide Server ist eine *SSL/TLS*-Verbindung über den Standardport erforderlich. Das *APOP-Login* muss ausgeschaltet sein. Der Benutzername für den Zugriff auf die Server ist die komplette E-Mail-Adresse bei Google Mail.

Bild 4.16 Einstellungen für Google Mail auf dem Handy.

E-Mails auf mehreren Geräten darstellen

Wenn Sie E-Mails aus Google Mail per POP3 auf mehreren Computern oder einem Computer und einem Handy abfragen, werden eingehende E-Mails immer nur auf dem Computer zugestellt, der sie zuerst abfragt. Auf den anderen Computern sind diese Mails nicht zu sehen. Um dieses Problem zu umgehen, bietet Google Mail einen sogenannten Recent-Modus an. Damit werden alle E-Mails der letzten 30 Tage abgerufen, unabhängig davon, ob diese E-Mails bereits an einen anderen POP-Client zugestellt wurden.

Schreiben Sie einfach vor den Benutzernamen bei der POP3-Abfrage das Wort *recent:*, also statt *nutzername@googlemail.com* verwenden Sie *recent:nutzername@googlemail.com*.

Die meisten Nokia-Handys lassen als Benutzernamen für E-Mail maximal 32 Zeichen zu. Bedenken Sie dies bei der Wahl der E-Mail-Adresse. Bei Google Mail können Sie noch ein paar Zeichen sparen, wenn Sie als Benutzernamen *recent:nutzername@gmail.com* verwenden.

Google Mail für einfache Nokia-Java-Handys

Google Mail bietet auch für viele einfache Java-Handys (J2ME MIDP2) eine spezielle Anwendung an, die die meisten Funktionen der Weboberfläche von Google Mail sehr komfortabel auf das Handy überträgt. Das Handy muss dazu für den Datenzugriff konfiguriert sein. Voraussetzung ist ein entsprechender Mobilfunkvertrag, der Datenverbindungen zulässt. Alle E-Mails sowie auch Labels und Einstellungen werden automatisch mit Google Mail synchronisiert und stehen in gleicher Weise auf dem PC und dem Handy zur Verfügung.

1. Wenn Sie mit dem Browser des Handys die mobile Webseite von Google Mail aufrufen, erscheint unten ein Link *Weitere Google-Produkte*, über den sich die Handysoftware herunterladen lässt. Klicken Sie hier auf den Link *Google Mail (Herunterladen)*.

   Auf der nächsten Seite wird das verwendete Gerät automatisch erkannt, hier ein Nokia N95. Sollte diese Gerätekennung nicht funktionieren, können Sie Google Mail auf dem Handy nicht verwenden. Sie müssen dann weiterhin auf die mobile Webseite oder die POP3-Variante ausweichen.

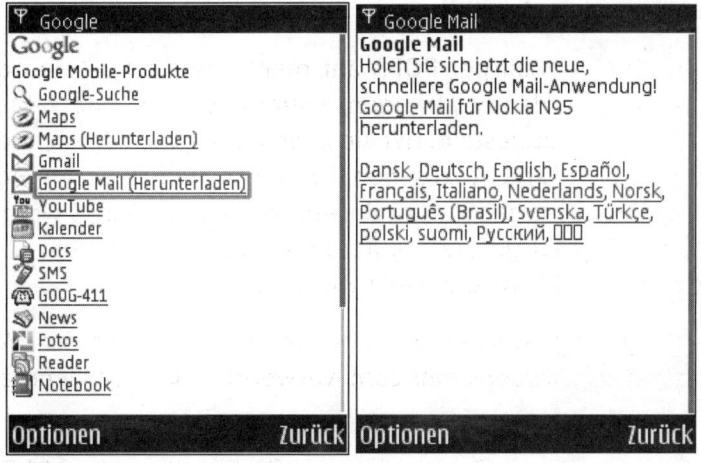

Bild 4.17 Links: der Link auf der mobilen Webseite, rechts: die Geräteerkennung.

2. Beim Start von Google Mail müssen Sie auf vielen Handys erst die Genehmigung für die Onlineverbindung erteilen. Stehen mehrere Zugangspunkte zur Verfügung, wählen Sie den aus, über den Sie am kostengünstigsten oder am schnellsten auf das Internet zugreifen können. Bei WLAN-fähigen Handys haben Sie hier die Auswahl zwischen einem lokalen WLAN und den Zugangspunkten des Handyproviders. Google Mail unterstützt beide Verfahren.

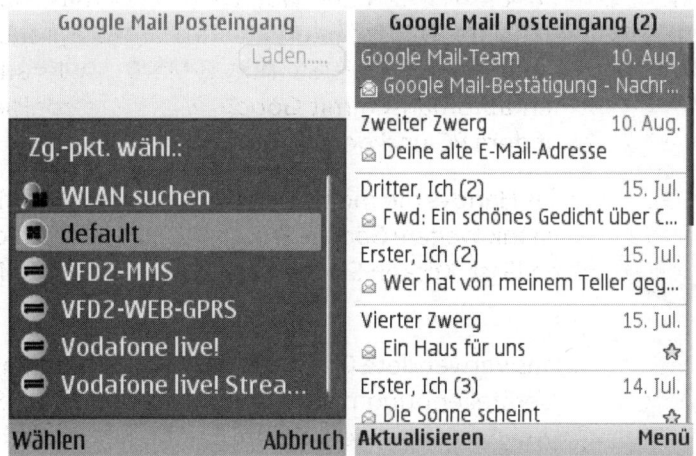

Bild 4.18 Links: Zugangspunkt für die Internetverbindung auswählen, rechts: Google Mail für Handys.

3. Bei der ersten Anmeldung müssen Sie Ihren Benutzernamen und das Passwort für Google Mail eingeben. Diese Daten werden standardmäßig gespei-

chert, sodass Sie sie nicht jedes Mal wieder über die kleine Handytastatur eintippen müssen. Google Mail bietet auf dem Handy eine sehr ähnliche Ansicht wie auf dem PC. Auch hier werden alle E-Mails eines Diskussionsverlaufs übersichtlich zusammengefasst.

Bild 4.19 Mailansicht und Menüs.

4. Im Menü stehen, wie vom PC gewohnt, fast alle Funktionen zur Verfügung. Die komfortable Suchfunktion ist auf dem Handy ebenfalls nutzbar. Beim Schreiben von E-Mails können alle auf dem Gerät verwendbaren Texteingabemethoden genutzt werden, also auch T9. Google Mail auf dem Handy bietet ebenfalls Zugriff auf das gespeicherte Adressbuch. Bekannte E-Mail-Adressen müssen also nicht jedes Mal neu eingegeben, sondern können aus einer Liste ausgewählt werden.

Bild 4.20 Adressen auswählen und eine E-Mail schreiben.

5. Über den Menüpunkt *Weitere Ansichten* können Sie im Menü *Gehe zu* neben dem Posteingang auch beliebige Labels zum schnellen Zugriff einblenden. Menüpunkte für markierte und gesendete Mails sind standardmäßig eingeschaltet, können an dieser Stelle aber auch deaktiviert werden.

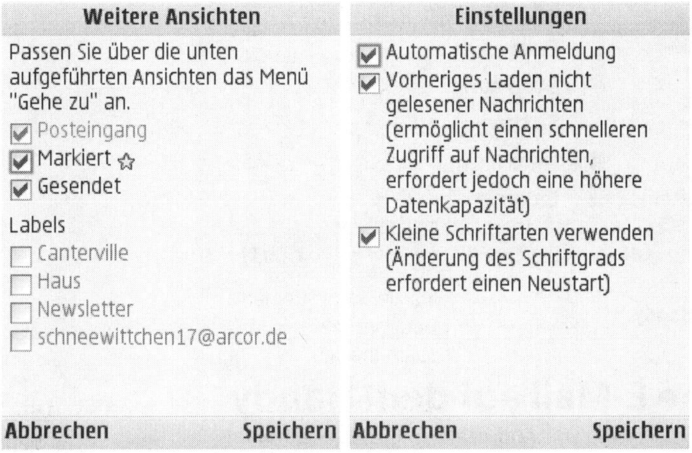

Weitere Ansichten	**Einstellungen**
Passen Sie über die unten aufgeführten Ansichten das Menü "Gehe zu" an. ☑ Posteingang ☑ Markiert ☆ ☑ Gesendet Labels ☐ Canterville ☐ Haus ☐ Newsletter ☐ schneewittchen17@arcor.de	☑ Automatische Anmeldung ☑ Vorheriges Laden nicht gelesener Nachrichten (ermöglicht einen schnelleren Zugriff auf Nachrichten, erfordert jedoch eine höhere Datenkapazität) ☑ Kleine Schriftarten verwenden (Änderung des Schriftgrads erfordert einen Neustart)
Abbrechen Speichern	Abbrechen Speichern

Bild 4.21 Weitere Einstellmöglichkeiten.

6. Über das Menü *Einstellungen* können Sie noch weitere Konfigurationen vornehmen. Hier ist standardmäßig die *Automatische Anmeldung* aktiviert. Das bedeutet, dass Sie sich nur beim ersten Start von Google Mail mit Benutzernamen und Passwort anmelden müssen. Diese Daten werden dann gespeichert. Möchten Sie verhindern, dass Fremde auf Ihre E-Mails zugreifen können, sollten Sie die automatische Anmeldung abschalten. Das Gleiche gilt, wenn Sie mehrere Google Mail-Konten auf dem Handy nutzen wollen.

SMS und MMS mit Google Mail abgleichen

Das Programm GSync für Nokia-Handys synchronisiert SMS und MMS vom Handy mit einem Google Mail-Konto. Die Nachrichten erscheinen dort als E-Mails und können auf dem PC gelesen und weitergeleitet werden. Nachrichten, die mit einer Person ausgetauscht wurden, werden zu einer Konversation gruppiert, wie dies auch bei E-Mails der Fall ist. GSync setzt automatisch ein Label für SMS und MMS, sodass diese leicht unter den E-Mails gefunden werden können.

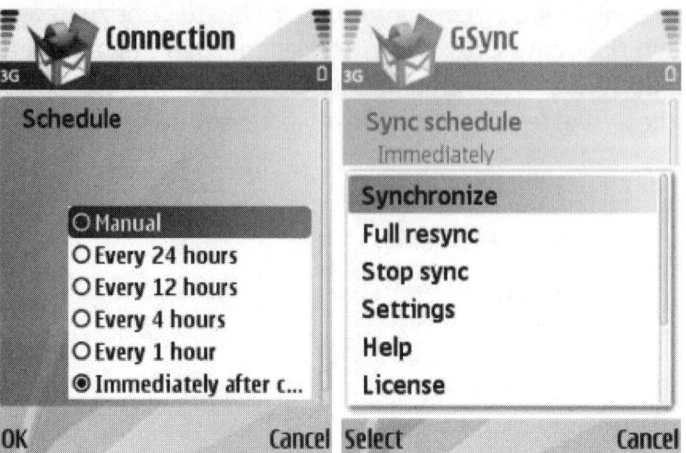

Bild 4.22 GSync auf dem Handy.

4.4   T-Online E-Mail auf dem Handy

T-Online bietet zwar einen POP3-Server zum Abruf der E-Mails an, dieser kann aber nur über eine T-Online-Verbindung verwendet werden. Die Identifikation am Server erfolgt über die eigene T-Online-Kennung, die bei der Verbindung übertragen wird. Wer mit dem Handy ins Internet geht, regelt dies jedoch nicht über T-Online, sondern über einen Mobilfunknetzbetreiber. Damit mobile Anwender trotzdem E-Mail bei T-Online nutzen können, wurde eine spezielle T-Online-Mobil-Software entwickelt, die diverse aktuelle Symbian OS-Handys von Nokia sowie auch einige andere Handytypen unterstützt.

Bild 4.23   T-Online E-Mail auf einem Nokia S60-Handy.

T-Online Mobil unterstützt alle Funktionen des E-Mail-Centers der T-Online-Software. So können Sie E-Mails lesen und schreiben. Die Mails werden allerdings nicht offline im Mailprogramm des Handys gespeichert, da dieser Dienst nur über speziell aufbereitete Webseiten läuft.

T-Mobile-Kunden können T-Online-E-Mails auch mit dem E-Mail-Programm ihres Handys abfragen. Dazu wird ein spezielles E-Mail-Passwort benötigt. Dieses kann man sich im T-Online-Servicecenter selbst einrichten. Danach lässt man sich am einfachsten von T-Online eine Konfigurations-SMS aufs Handy schicken, die automatisch ein E-Mail-Konto für T-Online einrichtet. Diese Konfigurations-SMS ist nur für bestimmte Handytypen verfügbar. Auf anderen Handys richten Sie das E-Mail-Konto mit folgenden Daten ein:

Eingehende Mails

Benutzername	E-Mail-Adresse bei T-Online
Passwort	E-Mail-Passwort
Eingangsserver	popmail.t-online.de
Zugangspunkt	T-Mobile Internet
Mailbox-Typ	POP3
Sicherheit	Aus
Port	Standard
APOP	Aus
Ausgehende Mails	Keine
Passwort	Keins
Mailserver	smtpmail.t-online.de
Sicherheit	Aus
Port	Standard

Auf Handys mit einem echten Webbrowser können T-Online-Kunden ohne die T-Online-Mobil-Software direkt die Seite *www.m-email.t-online.de* aufrufen und sich dort mit ihrer E-Mail-Adresse und dem Passwort anmelden. Dabei handelt es sich um eine Spezialversion des T-Online-E-Mail-Centers, die für die Nutzung auf kleinen Bildschirmen optimiert ist.

Der mobile E-Mail-Dienst von T-Online funktioniert über jeden Netzbetreiber. Es fallen lediglich die Datentransferkosten an. Natürlich ist auch ein Zugang über WLAN möglich.

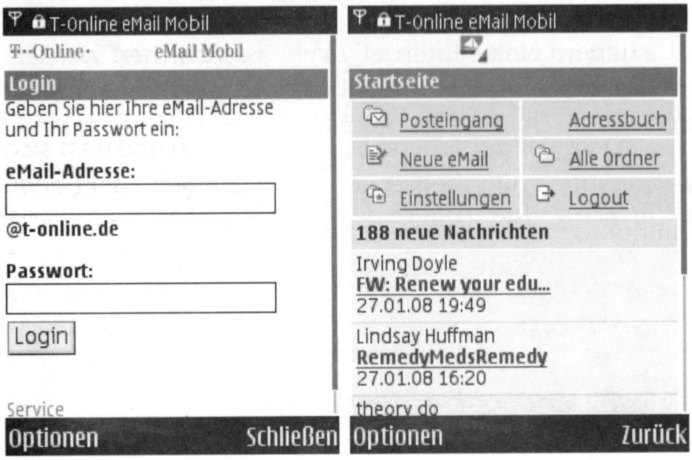

Bild 4.24 T-Online-E-Mails auf einen Nokia S60 3rd Edition-Handy.

4.5   Windows Live auf dem Handy

Windows live ist ein neues System für interaktives Internet, das von Microsoft betrieben wird. Unter *live.com* sind die Dienste von MSN, Hotmail und die neue Microsoft-Suchmaschine zusammengefasst. Microsoft und Nokia haben eine Vereinbarung getroffen, spezielle Clientsoftware für *live.com* auf Geräten vorzuinstallieren. Die meisten Dienste lassen sich aber auch über eine für mobile Geräte optimierte Webseite nutzen.

1. Das deutschsprachige MSN-Portal *de.msn.com* erkennt den Handybrowser und stellt sich automatisch in einer optimierten Version dar. Über den Link *Hotmail/IM* oder direkt über die Seite *mobile.live.com* kommt man zur mobilen Version von Hotmail und dem Live Messenger.

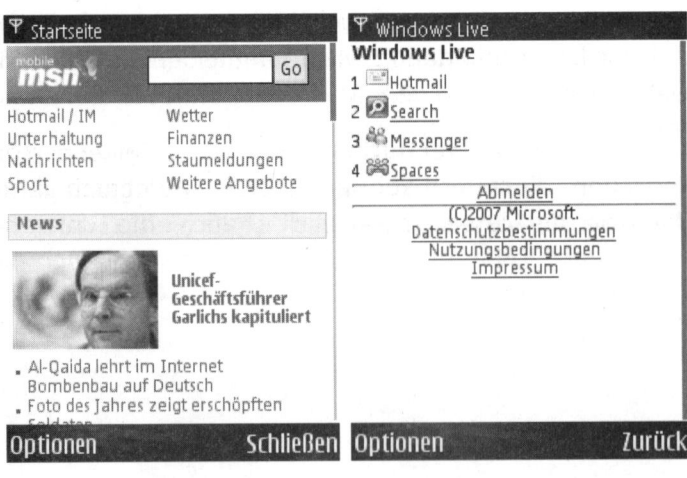

Bild 4.25 MSN und Windows Live auf dem Handy.

2. Nach einer einmaligen Anmeldung stehen Ihnen die Dienste zur Verfügung. Die Anmeldedaten können im Nokia-Internetbrowser gespeichert werden, sodass man sie nicht jedes Mal erneut eingeben muss.

Die mobile Startseite von Hotmail zeigt neue E-Mails direkt an und lässt sich über die Handytastatur sehr intuitiv bedienen. Alle wichtigen Funktionen sind über Zifferntasten erreichbar. Leider unterstützt der Nokia-Browser nicht auf allen Handys diese Art der Bedienung. Wenn es nicht funktioniert, bietet der Opera-Browser deutlich mehr Bedienkomfort und auch eine vollständige Unterstützung der Kurztasten.

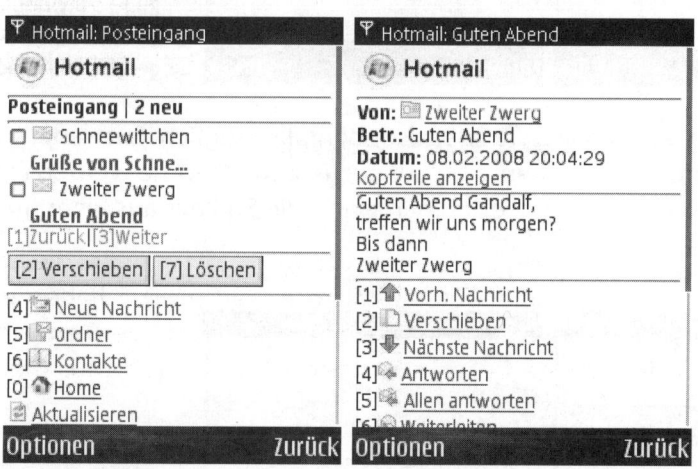

Bild 4.26 Windows Live Hotmail auf dem Handy.

3. Auch der Windows Live Messenger steht in einer mobilen Version zur Verfügung. Die Anmeldedaten werden automatisch aus der Anmeldung bei *Live. com* übernommen. Sie können sich aber auch jederzeit mit einer anderen Live-ID anmelden. Diese Live-IDs können E-Mail-Adressen bei Live.com, MSN oder Hotmail sein.

4. Wie vom PC gewohnt, können Sie hier mit allen Teilnehmern einer persönlichen Kontaktliste chatten. Diese wird auf dem Handy automatisch aktualisiert. Die mobile Version des Messengers enthält ebenfalls die Funktionen, neue Personen einzuladen und auf die Kontaktliste zu setzen. Auch dazu braucht man nicht mehr unbedingt einen PC.

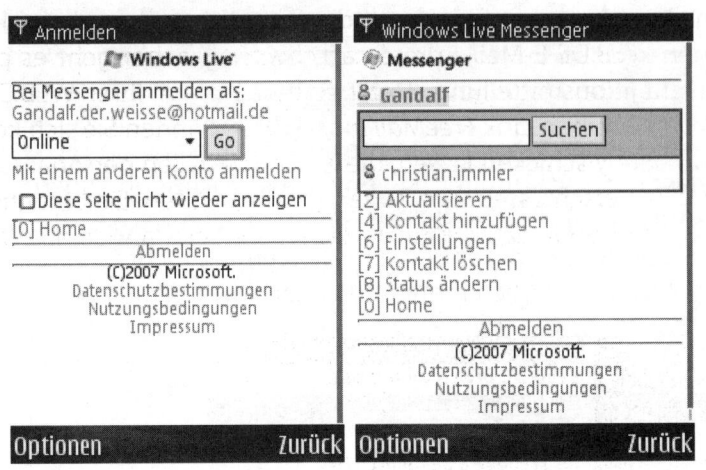

Bild 4.27 Der Windows Live Messenger auf dem Handy.

5. Die Verwendung von Smileys in Chats ist ebenfalls möglich. Entweder man schreibt diese direkt als Zeichenfolge auf der Tastatur und sie werden automatisch in Grafiken umgesetzt, oder man wählt die Smileys aus einer mehrseitigen Liste aus.

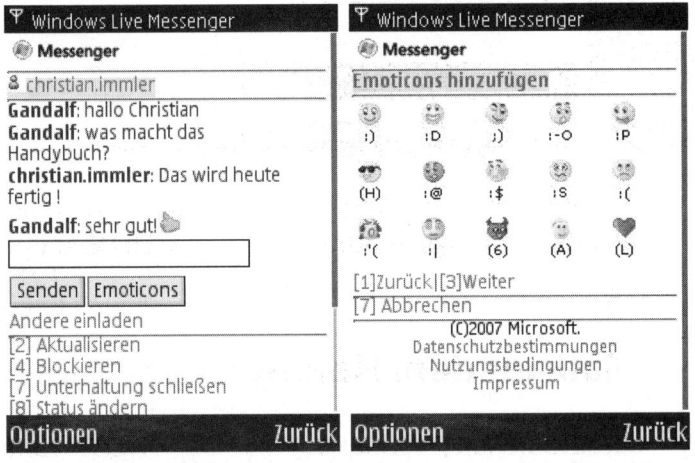

Bild 4.28 Chatten mit Smileys im Windows Live Messenger auf dem Handy.

4.6 WEB.DE-E-Mail auf dem Handy

WEB.DE, einer der beliebtesten deutschen Freemail-Anbieter, bietet seit kurzer Zeit eine mobile Version für Handys mit hochauflösenden Bildschirmen an. Die Nutzung von WEB.DE-E-Mail per POP3 war vom Handy schon immer möglich. Die mobile Version hat gegenüber POP3 den Vorteil, dass die Klassifizierung zwischen Freunden und Bekannten sowie unbekannten und unerwünschten Mails, die eine Besonderheit des WEB.DE-Spamfilters ist, voll genutzt werden kann.

Gehen Sie mit dem Handybrowser einfach auf die Seite *m.web.de* und melden Sie sich dort mit Ihrer WEB.DE-E-Mail-Adresse an. Noch einfacher geht es per automatischer Konfigurationsmitteilung. Dazu finden Sie auf Ihrer WEB.DE-Freemail-Seite im Internet einen Link *FreeMail mobile*. Hier können Sie sich kostenlos eine SMS aufs Handy schicken lassen, die einen speziellen personalisierten Link enthält, in dem verschlüsselt Ihre Zugangsdaten stehen. Sie brauchen sich dann nicht mehr per Handytastatur anzumelden, sondern landen direkt in Ihrem Postfach.

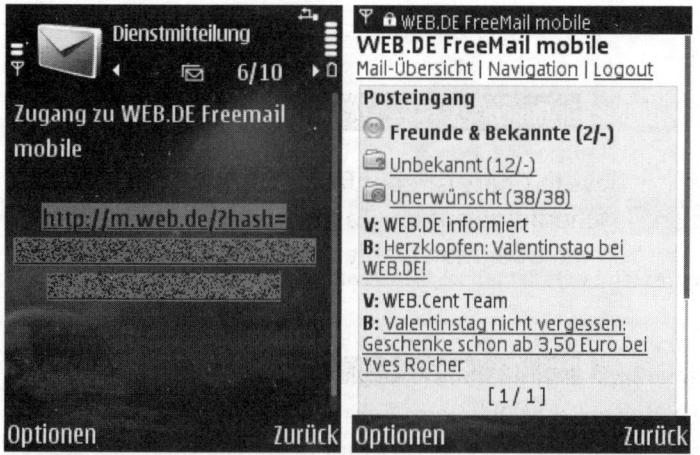

Bild 4.29 WEB.DE-E-Mail auf dem Handy, besonders einfach per Konfigurationsmitteilung.

Auch WEB.DE bietet eine komfortable Navigation per Handytasten an. Beim Schreiben von E-Mails steht das persönliche Adressbuch von WEB.DE ebenfalls mobil zur Verfügung.

4.7 Yahoo!-E-Mail auf dem Handy

Yahoo! liefert eine spezielle Software, Yahoo! Go, mit der diverse Yahoo!-Dienste auf dem Handy nutzbar sind. Besuchen Sie mit dem Handybrowser einfach die Seite *de.get.go.yahoo.com*. Dort läuft eine Geräteerkennung, die automatisch die passende Yahoo! Go-Version für das Handy findet. Dabei werden die meisten Symbian OS-Handys und auch einige einfache Gerätetypen unterstützt.

Nach der automatischen Installation kann der Browser beendet werden. Yahoo! Go ist als eigenständiges Programm im Menü zu finden. Beim ersten Start fragt das Programm nach der eigenen Yahoo!-ID und dem Land. Diese Einstellung ist für die Lokalnachrichten und die regionale Suche wichtig.

Bild 4.30 Die Yahoo! Go-Software bietet viele der Yahoo!-Dienste auf dem Handy.

Mit der Navigationstaste links/rechts bewegt man sich zwischen den einzelnen Modulen der Anwendung hin und her. Das Modul mit dem Briefsymbol bietet direkten Zugang auf die Yahoo!-E-Mails. Beim Schreiben von E-Mails steht das online gespeicherte Yahoo!-Adressbuch zur Verfügung. Dieses kann per Yahoo! Go auch mit dem Handyadressbuch abgeglichen werden.

Bild 4.31 Yahoo!-E-Mail mit der Yahoo! Go-Software auf dem Handy.

Yahoo! plant, in einer kommenden Version der Software auch den beliebten Messenger zu integrieren.

5 Debranding, Skinning und Flashen

Handys, die kostengünstig über Netzbetreiber verkauft werden, haben oft an mehreren Stellen in der Benutzeroberfläche Anbieterlogos. Auch die Hintergrundbilder und Farbthemen entsprechen der Corporate Identity der jeweiligen Firma. Viel ärgerlicher als das veränderte Aussehen sind jedoch veränderte Menüpunkte und Tastenbelegungen, die ohne Nachfrage kostenpflichtige Internetverbindungen aufbauen.

5.1 Operator-Logo beseitigen

Die auf gebrandeten Geräten voreingestellten Operator-Logos an verschiedenen Stellen der Benutzeroberfläche ändern sich auch nicht, wenn man die SIM-Karte eines anderen Anbieters verwendet. Die Logos sind auf dem Gerät als Bilddateien gespeichert, können aber bei vielen Geräten durch andere Grafiken ersetzt werden. Dabei ist unbedingt darauf zu achten, dass die neuen Bilder exakt dieselbe Größe in Pixeln und auch dasselbe Dateiformat, meistens GIF, haben müssen.

Auf Symbian OS liegt das Operator-Logo auf vielen Geräten im Verzeichnis der Bilddateien und kann über die PC Suite einfach durch ein genauso großes und gleichnamiges Bild ersetzt werden. Wenn das Operator-Logo im Speicher schreibgeschützt ist, lässt es sich auf den meisten Nokia-Handys mit folgendem Code löschen: *#67705646#

5.2 Skinning mit dem Nokia Theme Studio

Gebrandete Handys verwenden für die Benutzeroberfläche Farben des Netzbetreibers und haben meist auch Hintergrundbilder im Design des Anbieters.

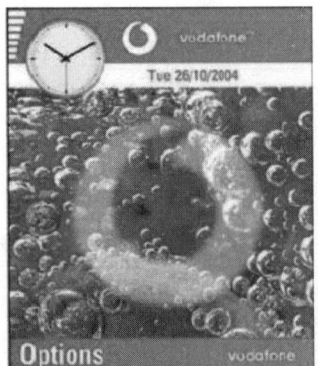

Bild 5.1 Typische Handybildschirme mit Branding.

Verantwortlich dafür sind sogenannte Skins oder Bildschirmthemen, die sich mit der passenden Software auch am PC selbst erstellen und auf das Handy übertragen lassen. Nokia liefert für seine Handys ein Theme Studio, mit dem völlig eigene Designs erstellt werden können.

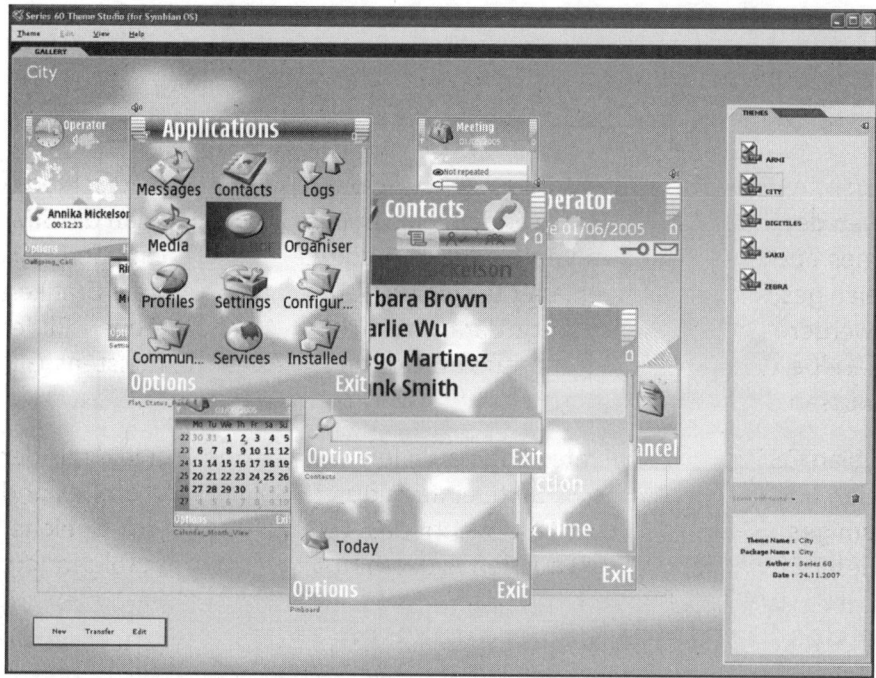

Bild 5.2 Eigene Themes erstellen mit dem Symbian S60-Theme Studio.

Carbide.ui ist ein weiteres Programm zur komfortablen Erstellung von Handy-skins auf dem PC. Dieses bietet noch ein paar mehr Möglichkeiten als die Originalsoftware von Nokia.

Das Prinzip der Erstellung von Skins ist bei allen Systemen gleich. Zuerst sucht man sich ein passendes Hintergrundbild aus und passt dann die Farben der Menüs, Schaltflächen und Schriften entsprechend an. Das fertige Thema wird danach auf das Gerät überspielt.

> **INFO!**
>
> ### Skins mit der Nokia PS Suite übertragen
>
> Auf Symbian OS-Handys und auch auf den meisten anderen Nokia-Telefonen kann die fertige Datei einfach mit der Nokia PC Suite oder der *Senden an*-Funktion des Betriebssystems auf das Gerät übertragen werden.

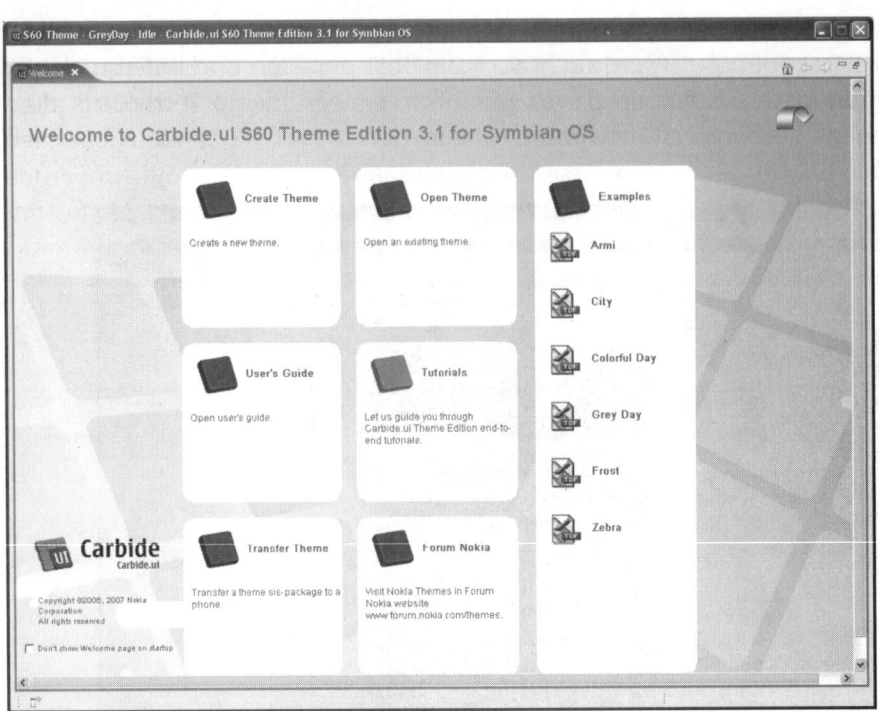

Bild 5.3 Handyskins erstellen mit Carbide.ui.

Layout des Startbildschirms anpassen

Diese Bildschirmthemen geben auch Aussehen und Layout des Startbildschirms vor. In gewissen Grenzen lässt sich dieser aber vom Benutzer anpassen, ohne dass ein neues Thema installiert werden muss.

Bild 5.4 Verschiedene Startbildschirme auf dem Handy.

Im Menü unter *System/Themen/Hintergrund* kann statt des durch das Bildschirmthema vorgegebenen Hintergrunds auch ein beliebiges Bild als Hintergrundbild gewählt werden. Die Farben der Menüs und Texte ändern sich dadurch allerdings nicht. Die Programmsymbole, die in der oberen Zeile zum schnellen Zugriff eingeblendet werden, lassen sich ebenfalls ändern. Unter *System/Einstellungen/Allgemein/Personalisieren/Standby-Modus/Programme im akt. Modus* finden Sie für jedes der Schnellzugriffssymbole eine Liste wählbarer Programme. So können Sie häufig benötigte Programme viel schneller aufrufen.

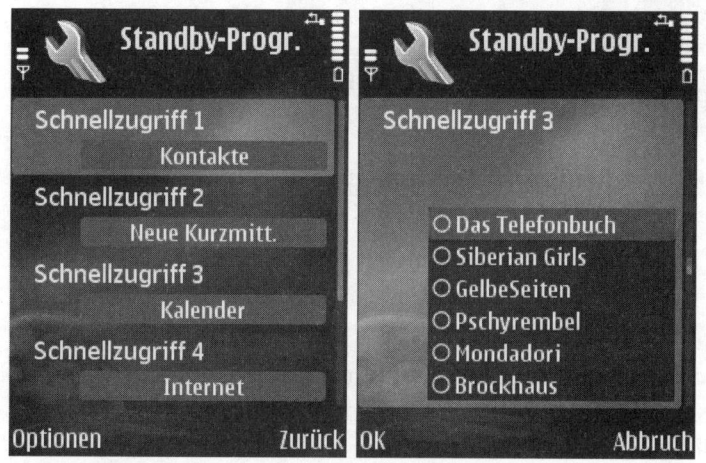

Bild 5.5 Programme für Schnellzugriff auswählen.

Themes direkt auf dem Handy erstellen

ThemeDIY ist ein Programm, mit dem man direkt auf dem Handy Bildschirmthemen erstellen kann. Es wird kein PC benötigt. In jedem Thema können zwei unterschiedliche Bildschirmhintergründe verwendet werden, einer für den Menühintergrund und einer für den Startbildschirm. Farben für Texte sowie ein Standardklingelton für das Thema lassen sich ebenfalls wählen.

Bild 5.6   Theme DIY erstellt Bildschirmthemen direkt auf dem Handy.

5.3   Andere Datendienste trotz Branding nutzen

Die großen Mobilfunkbetreiber verkaufen die Handys in ihren Läden meistens mit einem eigenen sogenannten Branding. Das bedeutet, dass Tasten mit speziellen Funktionen des Anbieters vorbelegt sind und auch Internetportale und andere Dienste schnell erreicht werden können.

Handys, die mit dem Branding eines der Netzbetreiber versehen sind, haben üblicherweise auch die Einstellungen für die Datenverbindungen so vorkonfiguriert, dass man sich weiter um nichts kümmern muss. Dafür ist es umso schwerer, Datendienste eines anderen Netzbetreibers zu nutzen.

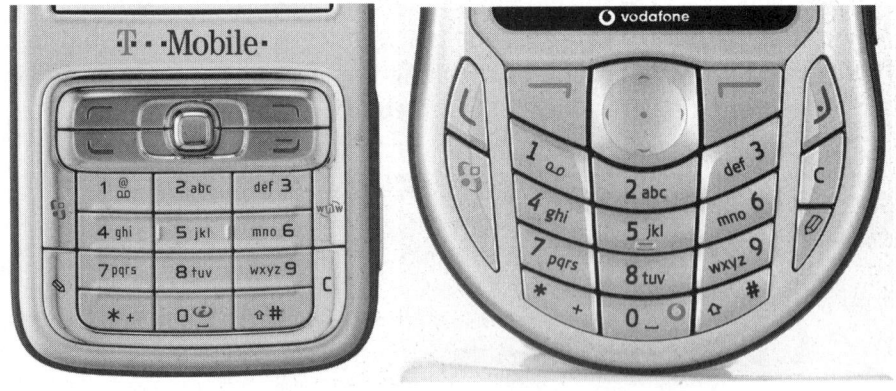

Bild 5.7   Spezialtasten gebrandeter Handys (links: Nokia N73, rechts Nokia 6630).

Vorsicht Kostenfalle!

Handyhersteller versuchen, den Nutzern möglichst genau zu zeigen, wann eine Verbindung aufgebaut wird, bei der Kosten entstehen. Mobilfunkbetreiber versuchen durch Branding, diese Transparenz aufzuheben. Spezielle Tastenbelegungen oder neue Einträge auf der Benutzeroberfläche und in den Menüs bauen ohne weitere Nachfrage kostenpflichtige Datenverbindungen zum jeweiligen Provider auf – auch an Stellen, an denen der Benutzer zunächst denkt, es handele sich um eine Offlineanwendung.

Für Handys ohne Branding bieten die Netzbetreiber spezielle SMS an, die Konfigurationseinstellungen enthalten. Diese SMS kann man durch Eingabe der eigenen Handynummer über die Internetseiten der Provider anfordern. Allerdings muss das Handy diese Art von Konfiguration unterstützen.

Für GPRS-Internetverbindungen, E-Mail und MMS werden eigene Konfigurationsmitteilungen angeboten. Diese SMS können nach dem Empfang normal geöffnet werden. Sie sind intern besonders gekennzeichnet, sodass die Menüs auf dem Handy bei der Anzeige einen eigenen Menüpunkt zur Übernahme der Konfigurationsdaten anbieten. Auf neueren Geräten ist vor der Übernahme der Einstellungen eine PIN einzugeben. Diese wird in der SMS mitgeschickt.

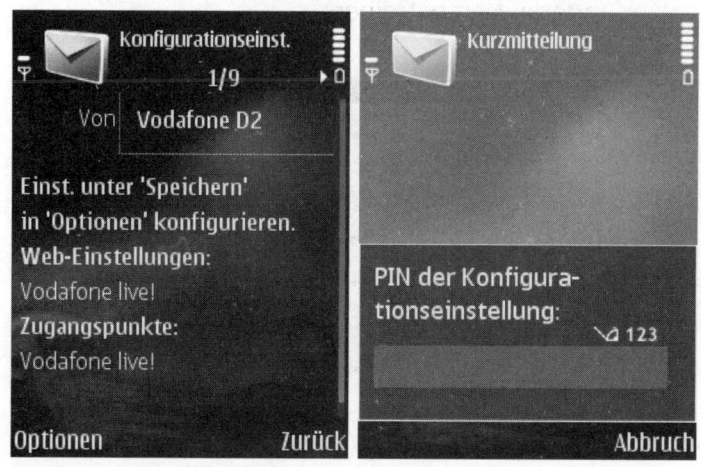

Bild 5.8 Konfigurations-SMS für die Nutzung von GPRS.

Ist das eigene Handymodell in der Auswahlliste für die Konfigurations-SMS beim Provider nicht verfügbar, müssen die Daten manuell eingegeben werden. Das Gleiche gilt für Handys mit dem Branding eines anderen Providers. Hier lassen sich oft die vordefinierten Zugangspunkte für GPRS und MMS nicht ändern. Legen Sie in diesem Fall neue, zusätzliche Zugangspunkte an und definieren Sie diese als Standard.

Zum MMS-Empfang ist neben der eigentlichen MMS-Konfiguration auch noch die Konfiguration eines WAP-GPRS-Zugangs erforderlich. Über diesen werden die Bilder in der MMS heruntergeladen.

Konfigurationsdaten der Netzbetreiber

Die folgenden Tabellen zeigen die notwendigen Konfigurationsdaten der vier deutschen Netzbetreiber.

Parameter für die MMS-Konfiguration

	T-Mobile	Vodafone	E-Plus	02
Verbindungsname	T-Mobile MMS	VFD2 MMS	e-plus MMS	o2 MMS
Datenträger	GPRS	GPRS	GPRS	GPRS
Zugangspunkt	mms.t-d1.de	event.vodafone.de	mms.eplus.de	internet
Benutzername	t-mobil	vodafone	mms	
Passwort	mms	mms	eplus	
Authentifizierung	Normal	Normal	Normal	Normal
Gateway	172.028.023.131	139.007.029.017	212.23.97.153	195.182.114.052
Port	8008	80	0	8002
Homepage (*http://...*)	mms.t-mobile.de/ servlets/mms	139.7.24.1/ servlets/mms	mms/eplus	10.81.0.7:8002
Verbindungssicherheit	Aus	Aus	Aus	Aus
Primärer DNS	193.254.160.003	139.007.030.125		
Sekundärer DNS	0.0.0.0	139.007.030.126		

Parameter für die WAP-2.0-GPRS-Konfiguration

	T-Mobile	Vodafone	E-Plus	02
Verbindungsname	t-zones GPRS	VFD2-GPRS Web	eplus wap	o2 WAP GPRS
Datenträger	GPRS	GPRS	GPRS	GPRS
Zugangspunkt	wap.t-d1.de	web.vodafone.de	wap.eplus.de	wap.o2active.de
Benutzername	t-mobile		eplus	
Passwort	Tm		wap	
Authentifizierung	Normal	Normal	Normal	Normal
Gateway	193.254.160.002	139.007.029.001	212.23.97.9	82.113.100.005
Port	9201	9201		8080
Homepage	*www.t-zones.de*			wap.o2active.de
Verbindungs-sicherheit	Aus			
Primärer DNS	193.254.160.001	139.007.030.125		
Sekundärer DNS	193.254.160.130	139.007.030.126		

> **INFO!**
>
> ### MMS im Ausland
>
> Befinden Sie sich in einem ausländischen Netz und besteht zwischen den Netzbetreibern ein GPRS-Roamingabkommen, können Sie MMS und andere GPRS-Funktionen dort weiterhin nutzen, ohne Einstellungen verändern zu müssen. Allerdings müssen Sie beim Versand und auch beim Empfang von MMS im Ausland je nach Anbieter mit erheblichen Gebühren rechnen, das können mehrere Euro pro 100 KByte Datenvolumen sein.

Nachdem die GPRS-Zugangsdaten eingetragen sind, muss im MMS-Programm noch eingestellt werden, auf welchen Zugang für den MMS-Abruf zugegriffen werden soll.

GPRS- und MMS-Konfigurationen

Der genaue Vorgang der Konfiguration kann bei jedem Handy anders sein. Die Namen der einzelnen Parameter sind aber gleich, man findet sie nur an unterschiedlichen Orten im Menü. Zur Orientierung beschreiben wir die Konfiguration auf dem standardisierten Betriebssystem Symbian OS 3rd Edition.

1. Im Hauptmenü Ihres Handys wählen Sie den Ordner *System* und dort *Einstellungen*.

Bild 5.9 Der Weg zum *Einstellungen*-Dialog.

2. Im *Einstellungen*-Dialog wählen Sie die Option *Verbindung*. Hier kommen Sie zu den Einstellungen für die *Zugangspunkte*.

Bild 5.10 Zu den Verbindungseinstellungen.

3. Es erscheint eine Liste der konfigurierten *Zugangspunkte*. Solange Sie bei demselben Provider sind, können Sie den entsprechenden Zugangspunkt auch manuell ändern oder einen bestehenden Zugangspunkt duplizieren

und dann die Kopie ändern. Wenn Sie den Provider wechseln, löschen Sie die Zugangspunkte und tragen neue ein. Bei Handys mit Branding ist das Löschen eines Zugangspunkts oft nicht möglich. Hier müssen Sie über das Menü *Optionen* neue Zugangspunkte eintragen und dann später bei jeder Anwendung, die GPRS-Funktionen nutzt, den passenden Zugangspunkt auswählen. Eine automatische Auswahl ist nicht möglich, wenn für ein Protokoll verschiedene Zugangspunkte in der Liste stehen.

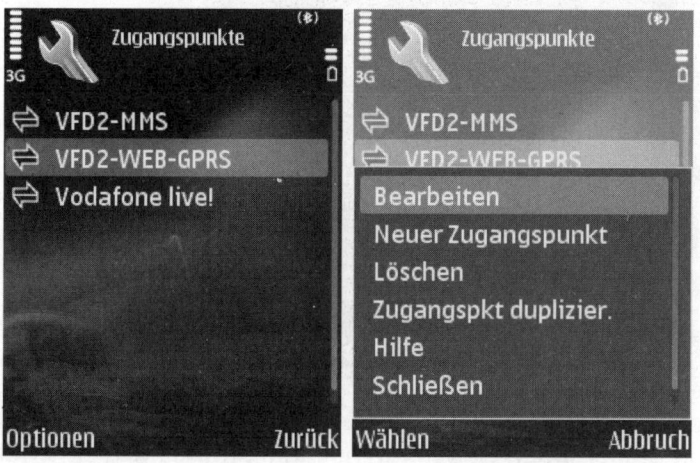

Bild 5.11 Neuen Zugangspunkt anlegen oder vorhandenen bearbeiten.

4. Mit *Standardeinstellungen* wird ein komplett neuer Zugangspunkt angelegt, die Option *Vorhandene Einstellungen* kopiert einen Zugangspunkt. Danach können dessen Einstellungen verändert werden.

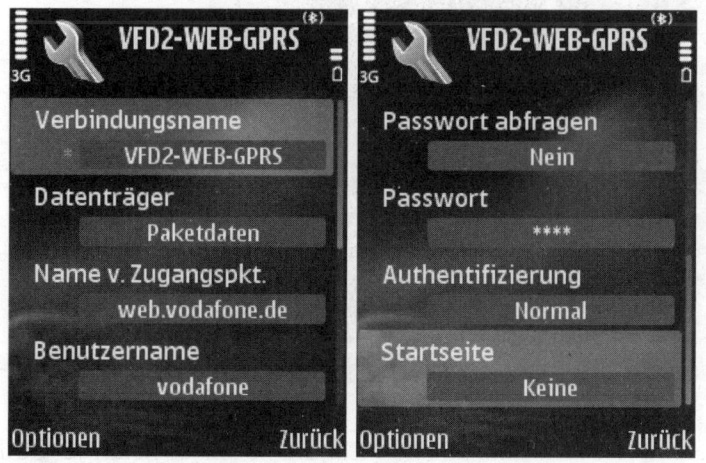

Bild 5.12 Einstellungen eines Zugangspunkts bearbeiten.

5. Wählen Sie dann nacheinander alle Parameterfelder aus und tragen Sie die richtigen Daten gemäß der Tabelle ein. Die DNS-Server und einige weitere Einstellungen können nur über den Menüpunkt *Optionen/Erweiterte Einstellungen* eingetragen werden. Diese sind in der normalen Liste nicht zu finden.

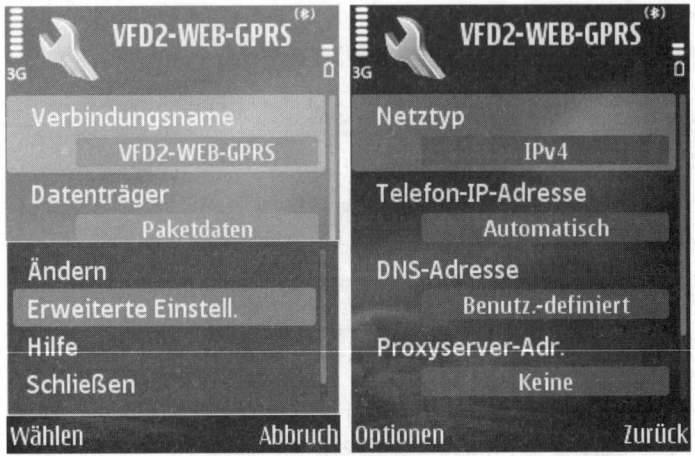

Bild 5.13 Die erweiterten Einstellungen eines GPRS-Zugangspunkts.

6. Nach den Einstellungen für den GPRS-Zugangspunkt muss noch ein zweiter Zugangspunkt für MMS eingerichtet werden. Gehen Sie dazu genauso vor: Wählen Sie den passenden Zugangspunkt in der Liste oder legen Sie einen neuen an.

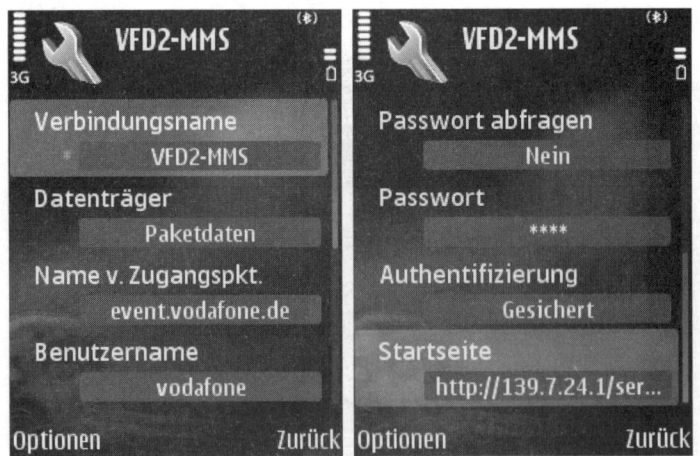

Bild 5.14 Einstellungen für den MMS-Zugangspunkt.

7. Auch hier sind noch erweiterte Einstellungen für DNS-Server notwendig. Verlassen Sie dann den *Einstellungen*-Dialog und starten Sie die Anwendung für *Mitteilungen*. Gehen Sie dort über den Menüpunkt *Optionen/Einstellungen* in den *Einstellungen*-Dialog und wählen Sie die Einstellungen für *Multimedia-Mitteilung*.

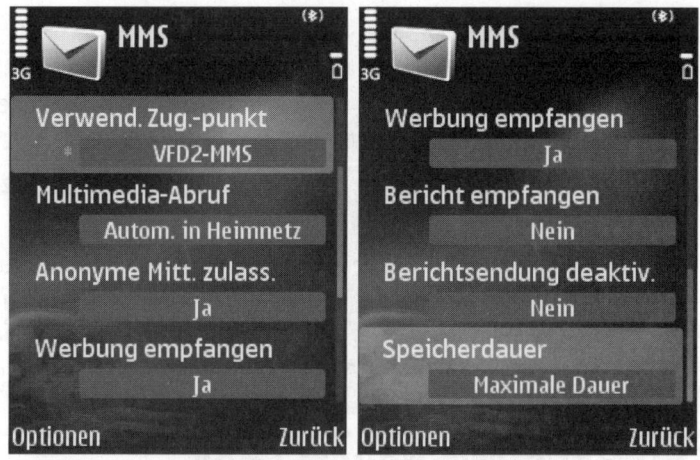

Bild 5.15 Einstellungen in der *Mitteilungen*-Anwendung.

8. Wählen Sie hier als bevorzugte Verbindung den neu angelegten MMS-Zugangspunkt aus. Die Einstellung *Multimedia-Abruf* sollte auf *Autom. in Heimnetz* gesetzt werden. Damit ersparen Sie sich teilweise extrem hohe Roamingkosten für den Datenempfang im Ausland.

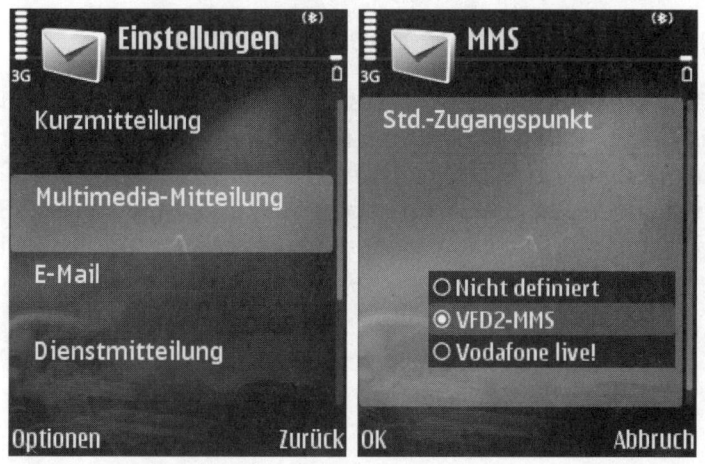

Bild 5.16 Auswahl des MMS-Zugangspunkts.

Weitere interessante Einstellungen:

Einstellung	Beschreibung
Bei Mitteilungsempfang sofort laden	Lädt die Bilder oder andere angehängte Daten sofort beim Empfang automatisch herunter. Dies führt natürlich auch zu Datentransferkosten. Wenn Sie viel MMS-Spam bekommen, sollten Sie diese Einstellung abschalten.
Anonyme Mitteilungen zulassen	Sollte ausgeschaltet bleiben. Damit ersparen Sie sich MMS von Absendern, die ihre Nummer nicht übertragen. Dabei handelt es sich meistens um Spamversender.
Werbung empfangen	Hier können Sie den Empfang von Werbe-MMS der Netzbetreiber unterbinden.
Größe des Fotos	Fotos in MMS werden auf dem Server in zwei Auflösungen gespeichert, der Originalauflösung und einer kleineren Version zur Vorschau auf dem Bildschirm. Empfangen Sie nur die kleine Version, sparen Sie damit Transferkosten.

5.4 Nokia S60-Handys in neuem Look

Erweiterte Oberflächen für Handys helfen nicht nur effektiv dabei, Funktionseinschränkungen durch Branding zu beseitigen, sondern bieten auch gleich noch eine neue Funktionalität, die das Handybetriebssystem von sich aus nicht leistet. Solche sogenannten Launcher gibt es von diversen Herstellern. Wir stellen die interessantesten hier vor.

Launcher sorgen für erweiterte Funktionalität

Die Benutzeroberfläche der Nokia-Handys lässt sich vom Anwender nur farblich ändern, aber nicht in der Funktionalität. Hat der Netzbetreiber bestimmte Funktionen entfernt oder andere hinzugefügt, ist man dem als Anwender hilflos ausgesetzt. Der »Tracker« ersetzt die Standardoberfläche eines Nokia S60 3rd Edition-Handys durch eine neue, frei konfigurierbare Oberfläche, die zusätzlich einen Task-Manager und weitere nützliche Systemtools enthält.

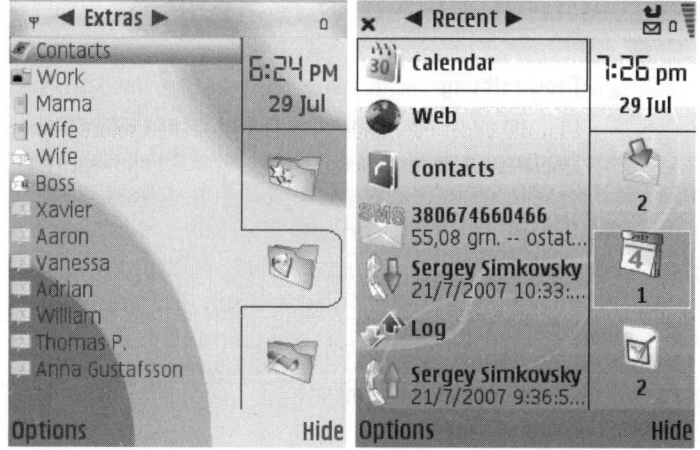

Bild 5.17   Der Tracker ersetzt die Standardbenutzeroberfläche auf Nokia S60 3rd Edition-Handys.

Weitere alternative Launcher basieren auf Flash-Technik und bringen ebenfalls ein komplett neues Aussehen und erweiterten Bedienkomfort auf das Handy. Bekannteste Beispiele sind der V-Theme Launcher im Stil des Windows Vista-Startmenüs und der iTheme Launcher im Stil des Apple iPhone.

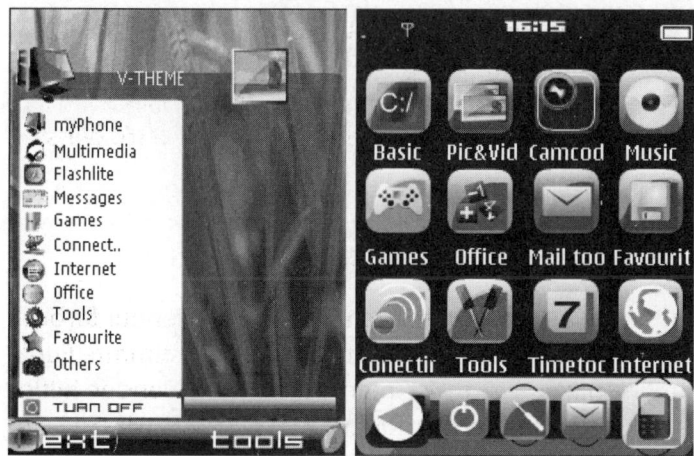

Bild 5.18   Neue Handyoberflächen im Stil von Windows Vista und iPhone.

5.5 Flashen – die aktuelle Firmware muss her

Nicht immer lässt sich das Branding mit »normalen« Betriebssystemmethoden restlos entfernen. Besonders bei preiswerten Handys ohne standardisiertes Betriebssystem ist man als Normalnutzer völlig machtlos. Netzbetreiber definieren bei einigen Handys Tasten, die man leicht versehentlich drückt, sodass kostenpflichtige Internetverbindungen zu den mobilen Portalen der Netzbetreiber aufgerufen werden. Solche Kostenfallen lassen sich meist nur durch einen kompletten Ersatz des Handybetriebssystems beseitigen. Im einfachsten Fall bietet der Handyhersteller aktuelle Betriebssystemversionen zum Download an, die mittels USB-Kabel und einer speziellen Software auf das Handy übertragen werden können.

INFO!

Achtung Rechtslage!

Beim Debranding von Handys durch Aufspielen eines neuen Betriebssystems bewegt man sich in jedem Fall im rechtlich fragwürdigen Raum. Netzbetreiber argumentieren, dass sie durch das Branding die Preise der Handys günstig halten können. Ein Debranding stellt demnach eine Vertragsverletzung mit dem Netzbetreiber und eine Manipulation des Geräts dar, wodurch Garantieansprüche verloren gehen. Ein Handybetriebssystem ist wie jede andere Software urheberrechtlich geschützt und immer nur für ein Gerät lizenziert. Wer also ein Betriebssystem ausliest, um es auf ein anderes Handy zu überspielen, begeht eine strafbare Urheberrechtsverletzung, es sei denn, das neue Betriebssystem wird vom Gerätehersteller zum legalen Download angeboten.

Nokia-Updateservice für aktuelle Handymodelle

Nokia bietet auf der Seite *europe.nokia.com/A4176089* seit einiger Zeit einen solchen Online-Updateservice für aktuelle Handymodelle an, der dafür gedacht ist, dass Benutzer mögliche Fehler und Sicherheitslücken im Betriebssystem schnell selbst beseitigen können.

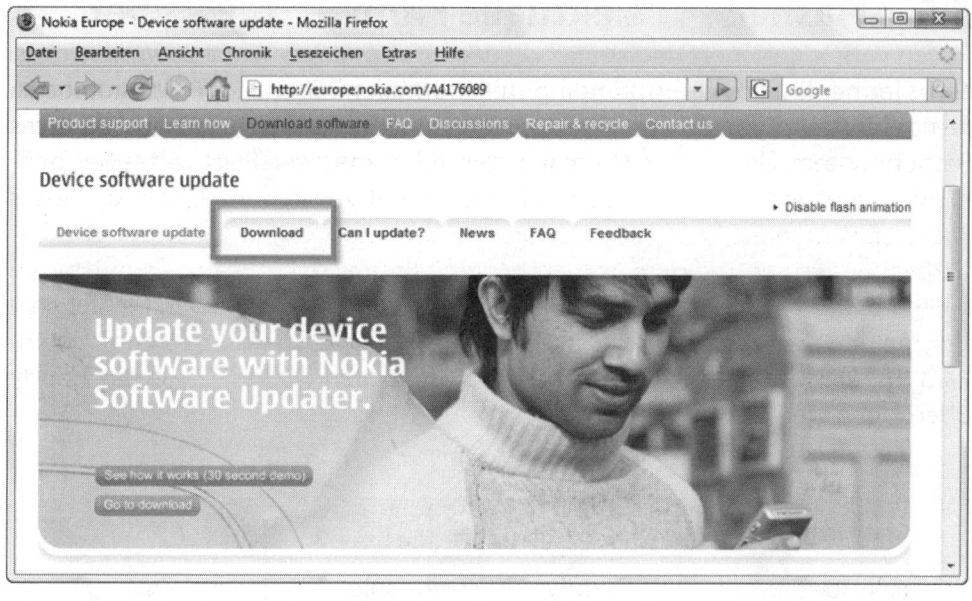

Bild 5.19 Nokia Online *Device software update* via USB-Verbindung (*europe.nokia.com/A4176089*).

Jahrelang hatte sich Nokia dagegen gewehrt, dass Benutzer die Firmware ihres Handys selbst updaten, da es angeblich zu leicht zu Komplikationen kommen könne. Selbst Nokia-Servicecenter konnten neue Firmware nur über ein Spezialkabel aufspielen. Das neue, kundenfreundliche Online-Update funktioniert über eine normale USB-Verbindung. Sie können per Eingabe von *#0000# auf dem Handy prüfen, ob Sie bereits die aktuelle Version nutzen. Falls nicht, erhalten Sie die neue Firmware mithilfe des *Nokia Software Updater* – einer Komponente der Nokia PC Suite.

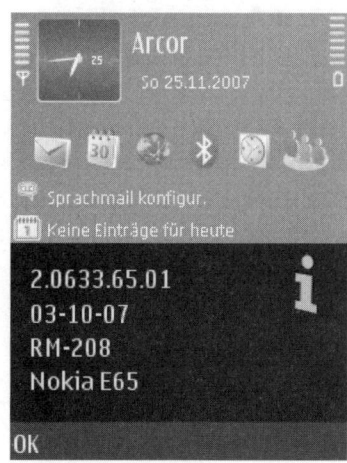

Bild 5.20 Anzeige der aktuellen Firmwareversion auf Nokia S60 3rd Edition-Handys.

Beim Flashen wird das Betriebssystem komplett ersetzt, was bedeutet, dass alle Daten vorher gesichert und später wieder auf das Handy gespielt werden müssen. Der Nokia Software Updater bietet dazu eine Backup-Funktion an. Installierte Anwendungen und zugehörige Seriennummern werden dabei allerdings nicht gesichert. Diese müssen nach dem Flashen neu installiert werden.

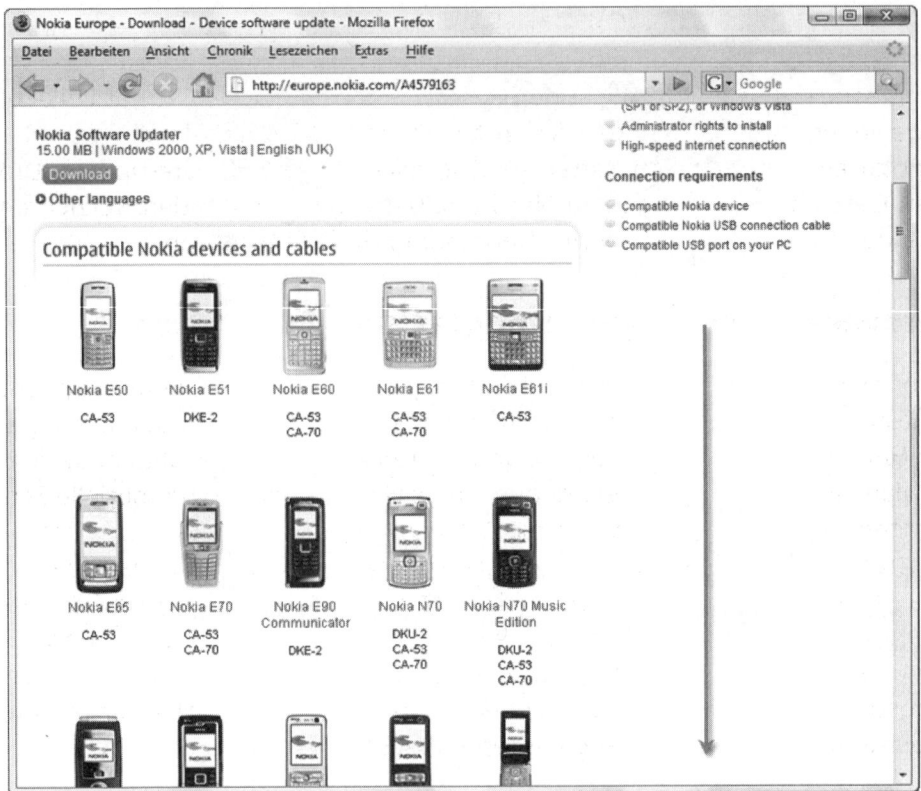

Bild 5.21 Alle kompatiblen Geräte finden Sie hier im Download-Bereich.

Weiterhin weist Nokia ausdrücklich darauf hin, dass der Akku voll geladen sein muss und das Update nur über eine USB-Kabelverbindung und nicht per Bluetooth durchgeführt werden darf. Außerdem muss während des Updates eine SIM-Karte eingelegt und das Profil *Allgemein* ausgewählt sein.

Debranding in Auftrag geben

Verschiedene Anbieter, wie zum Beispiel *www.smartmod.de* und *www.gsm-base.de*, bieten für etwa 20 Euro den Austausch der Firmware eines Handys gegen eine andere Version an – üblicherweise um Branding zu beseitigen.

Lesen Sie vor einer solchen Manipulation an Ihrem Handy (wofür es zum jeweiligen Anbieter eingeschickt werden muss) genau das Kleingedruckte. In jedem Fall gehen die Garantie des Handys und die darauf gespeicherten Daten verloren. Viele Anbieter übernehmen auch keine Haftung und können oft nicht einmal die volle Funktionsfähigkeit des manipulierten Handys garantieren.

Überzeugen Sie sich vor einem Debranding-Auftrag von der Seriosität des Anbieters. Gibt es auf der Webseite des Anbieters ein aussagefähiges Impressum? Anbieter, die telefonischen Kontakt scheuen, indem sie nur eine Handynummer oder eine kostenpflichtige Servicenummer angeben, sind mit Vorsicht zu genießen. Alternativ fragen Sie in einem ortsansässigen Handyladen, der nicht zu einer der großen Ketten gehört, nach einem Software-Update. Um ihren Geschäftsbeziehungen zu Netzbetreibern nicht zu schaden, verzichten viele kleine Läden auf den Begriff »Debranding« in ihrer Werbung.

Hardware fürs Flashen – Dongles und Flash-Boxen

Bevor man sich dafür entscheidet, das Handy mit einem neuen Betriebssystem zu flashen, sollte man wissen, was die entsprechenden Anbieter mit dem eigenen Handy anstellen. Um einen unautorisierten Zugriff auf das Betriebssystem des Handys zu verhindern, verwenden einige Handymodelle eine spezielle Serviceschnittstelle zum Flashen und nicht den normalen Anschluss für das Datenübertragungskabel. Bei anderen Geräten werden keine standardisierten Übertragungsprotokolle verwendet, um den Zugriff zu erschweren. Für die Übertragung eines neuen Betriebssystems braucht man deshalb oft spezielle Kabel. Diese dürfen außerdem, was bei seriellen Kabeln üblich ist, die Versorgungsspannung der eingebauten Pegelwandler nicht aus dem Handy nehmen, da dieses für den Flash-Vorgang ausgeschaltet sein muss.

Handyhersteller spielen die Software mit speziellen Geräten auf die Handys, die im Timing und im Übertragungsprotokoll genau mit dem Handy abgestimmt sind. Um vom PC aus ein Handy zu flashen, ist in einigen Fällen eine Zusatzelektronik nötig, die die Schnittstelle des PCs entsprechend anpasst. Solche sogenannten Dongles werden dann zwischen die Schnittstelle des PCs und das Übertragungskabel gesteckt. Einige Flash-Kabel arbeiten auch über die parallele Schnittstelle, an der sich das Timing softwaremäßig besser einstellen lässt. Allerdings haben viele moderne PCs keine parallele Schnittstelle mehr.

Profis der Handyhackerszene haben mittlerweile spezielle Flash-Boxen entwickelt, die die gesamte Kommunikation mit dem Handy übernehmen. Der an die Box per USB-Kabel angeschlossene PC übernimmt nur noch die Steuerung des Microcontrollers in der Box. Bei aktuellen Handys ist die Firmware verschlüsselt und mit speziellen Prüfsummen versehen. Ein einfacher Ersatz durch eine andere Firmwareversion würde auf dem Gerät nicht laufen. Hier muss intelligente Kryptografietechnik eingesetzt werden.

Bild 5.22 Die SmartClip-Flash-Box.

Für bekannte Flash-Boxen wie Powerflasher, Twister-Flasher oder Tornado sind sogenannte HWK-Module (**H**ard**w**are **K**ey) lieferbar, die über Quasi-Standards die Verschlüsselungstechniken der meisten modernen Handys austricksen können. Im Gegensatz zu Handyherstellern, die auf Inkompatibilität setzen und die für jedes Handymodell versuchen, eine eigene Technik einzusetzen, entwickeln die Flasher Standardverfahren, um ihre Flash-Boxen und HWK-Module bei einer möglichst breiten Palette von Handys einsetzen zu können. Je nach Handymodell sind nur noch passende Adapterkabel nötig.

Nicht flüchtig – Firmware, PPM und FAID

Die Firmware, das Betriebssystem eines Handys, befindet sich in einem nicht flüchtigen Flash-Speicher. Es kann also auch ohne Stromversorgung, wenn der Akku längere Zeit leer ist oder wenn er gar nicht eingebaut ist, nicht verloren gehen. Das Betriebssystem ist über Prüfsummen vor Manipulationen geschützt. Beim Austausch der Firmware müssen diese Prüfsummen neu berechnet werden, da sonst das Handy nicht mehr bootet.

PPM

Zusätzlich zur eigentlichen Firmware enthalten moderne Handys noch einen PPM (**P**ost **P**rogrammable **M**emory). Hier liegen die sprachspezifischen Daten, also alle Texte, die auf der Benutzeroberfläche erscheinen und die, je nach Gerätesprache, unterschiedlich sein können. Netzbetreiber können in diesem Speicherbereich Menüs verändern und Providernamen, Klingeltöne oder Logos hinterlegen. Auch diese Daten sind über Prüfsummen vor unautorisierter Manipulation geschützt.

FAID

Aktuelle Handys verwenden als zusätzlichen Sicherheitsmechanismus eine als FAID (**F**lash **A**uthority **I**dentification **D**ata) bezeichnete Identifikationsnummer, mit der die Datenintegrität der Flash-Dateien sichergestellt wird. Diese setzt sich aus einer Prüfsumme der Flash-Datei und gerätespezifischen Kennzeichen zusammen. Sie muss nach dem Flashen neu berechnet werden, damit der Inhalt des Flash-Speichers vom Gerät als gültig akzeptiert wird. Bei den meisten Handys lässt sich diese FAID-Überprüfung mittels undokumentierter Funktionen aber auch abschalten.

EEPROM

Betreiberlogos, Klingeltöne, Profile und andere handyspezifische Daten wurden in älteren Handys in einem eigenen EEPROM-Baustein (**E**lectrically **E**rasable and **P**rogrammable **R**ead **O**nly **M**emory) gespeichert. Dieser konnte von den Flasher-Interfaces nicht ausgelesen werden.

EEEPROM

Moderne Handys haben nur noch einen einzigen Speicherchip. Ein bestimmter Speicherbereich emuliert das frühere EEPROM, deshalb spricht man heute von EEEPROM (**E**mulated **E**lectrically **E**rasable and **P**rogrammable **R**ead **O**nly **M**emory). Diese Technik vereinfacht den Flashern den Zugriff auf diese Daten.

6 WLAN-Konfiguration auf Nokia-Handys

Immer mehr aktuelle Handys verfügen über WLAN-Funktionen zum schnellen Internetzugang zu Hause, in Büros und anderen lokalen Netzen oder an öffentlichen Hotspots.

 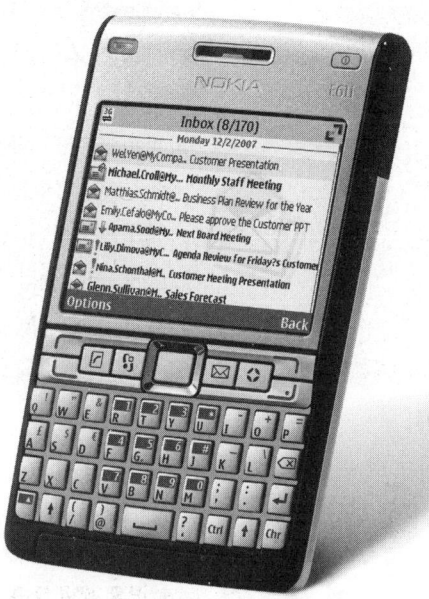

Bild 6.1 Aktuelle WLAN-Handys Nokia N95 8GB und Nokia E61i (Foto: Nokia).

Die folgende Tabelle zeigt alle aktuellen Nokia-Handys mit WLAN, das verwendete Betriebssystem und die Bildschirmauflösung.

Nokia-Handytyp	OS-Version	Bildschirm
E51	Symbian OS S60 3rd Edition	240 x 320
E60	Symbian OS S60 3rd Edition	352 x 416
E61	Symbian OS S60 3rd Edition	320 x 240
E61i	Symbian OS S60 3rd Edition	320 x 240
E65	Symbian OS S60 3rd Edition	240 x 320
E70	Symbian OS S60 3rd Edition	352 x 416
E90 Communicator	Symbian OS S60 3rd Edition	800 x 352
N80	Symbian OS S60 3rd Edition	352 x 416
N81	Symbian OS S60 3rd Edition	240 x 320
N81 8GB	Symbian OS S60 3rd Edition	240 x 320

Nokia-Handytyp	OS-Version	Bildschirm
N82	Symbian OS S60 3rd Edition	240 x 320
N91	Symbian OS S60 3rd Edition	176 x 208
N91 8GB	Symbian OS S60 3rd Edition	176 x 208
N92	Symbian OS S60 3rd Edition	240 x 320
N93	Symbian OS S60 3rd Edition	240 x 320
N93i	Symbian OS S60 3rd Edition	240 x 320
N95	Symbian OS S60 3rd Edition	240 x 320
N95 8GB	Symbian OS S60 3rd Edition	240 x 320
N800	Linux Internet Tablet OS 2007	800 x 480
N810	Linux Internet Tablet OS 2008	800 x 480
Nokia 770	Linux Internet Tablet OS 2006	800 x 480
Nokia 9300i	Symbian OS S80	640 x 200
Nokia 9500	Symbian OS S80	640 x 200

6.1 WLANs in der Nähe suchen

Auf dem Startbildschirm sehen Sie den Eintrag *WLAN-Suche deaktiviert*. Markieren Sie diesen Eintrag, sucht das Handy ein WLAN in Ihrer Nähe. Wenn Sie jetzt auf die Auswahltaste drücken, erscheint ein Menü, in dem Sie WLANs anzeigen oder direkt mit dem Browsen über den Internetbrowser des Handys beginnen können.

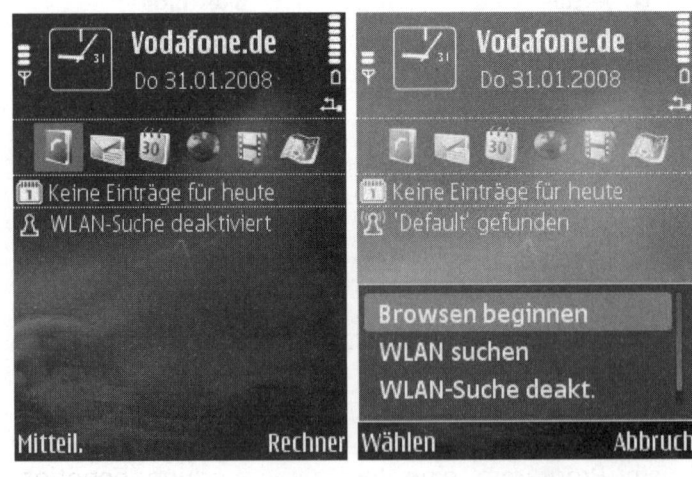

Bild 6.2 WLAN-Suche auf dem Startbildschirm.

Mit der Funktion *WLAN suchen* erhalten Sie eine Liste aller verfügbaren WLANs in Ihrer Umgebung. Hier kann direkt eines ausgewählt werden.

Bild 6.3 Links: WLAN-Netz auf dem Startbildschirm auswählen, rechts: WLANS im *HotSpot Finder*.

Noch komfortabler ist die Software HotSpot Finder, die regelmäßig nach verfügbaren WLAN-Hotspots sucht und auch deren Signalstärke übersichtlich anzeigt. Dieses Programm finden Sie wie alle im Buch erwähnten Programme im Softwarekatalog auf dem Weblog zum Buch *www.handybuch.tk*.

Aktuelle Geräte haben einen eigenen WLAN-Assistenten vorinstalliert. Dieser zeigt ebenfalls verfügbare drahtlose Netzwerke an.

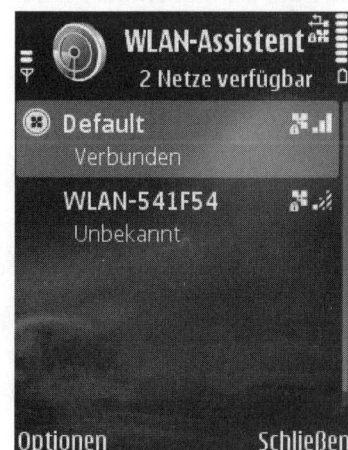

Bild 6.4 Der *WLAN-Assistent* zeigt verfügbare Netze.

Der Menüpunkt *Browsen beginnen* ist zwar zum Surfen in einem WLAN praktisch, die Internetverbindung kann aber noch weitaus vielfältiger genutzt werden. Jedes Mal, wenn ein Programm eine Internetverbindung benötigt, erscheint in der Standardeinstellung auf dem Handy eine Abfrage dazu, welcher Zugangspunkt benutzt werden soll.

Hier werden die vom Mobilfunkprovider per Branding oder SIM-Karte gespeicherten Zugangspunkte für Internetverbindungen über das GPRS-/UMTS-Netz angezeigt. Man kann aber sein eigenes WLAN leicht als Zugangspunkt hinzufügen und dann für jede internetfähige Anwendung nutzen.

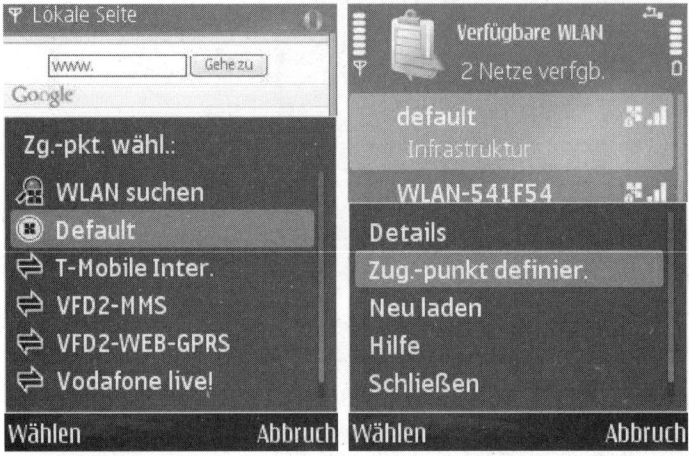

Bild 6.5 Links: Frage nach dem Zugangspunkt, rechts: Zugangspunkt im Verbindungsmanager definieren.

Der Verbindungsmanager zeigt unter dem Menüpunkt *Verfügbare WLAN* eine Liste aller gefundenen drahtlosen Netzwerke an. Markieren Sie hier das gewünschte Netzwerk und wählen Sie dann im Menü *Zug.-punkt definieren*. Bei verschlüsselten Netzwerken muss jetzt noch der Schlüssel eingegeben werden. Diesen brauchen Sie dann später nicht mehr.

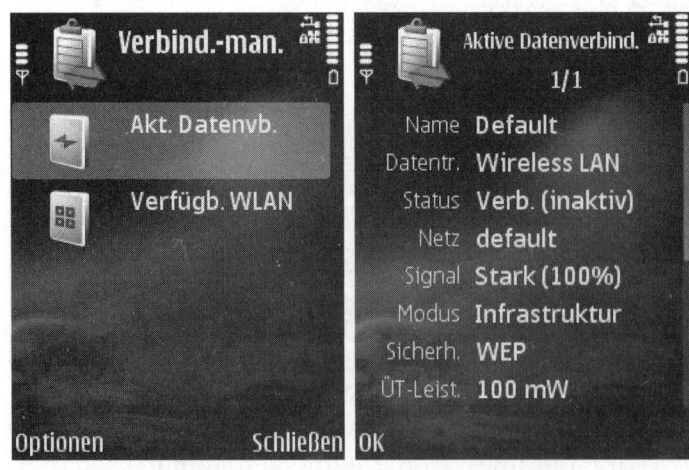

Bild 6.6 Der Verbindungsmanager zeigt im Modus *Aktive Datenverbind.* ausführliche Details zur gerade verwendeten Verbindung.

INFO!

MAC-Adressenfilter

WLANs in Firmen sind oftmals mit einem MAC-Adressenfilter versehen, sodass nur bestimmte Geräte im Netz zugelassen werden. Der Administrator trägt die MAC-Adressen (eindeutige Gerätekennung jedes WLAN-fähigen Geräts) der zugelassenen Geräte auf dem Router explizit ein. Um ein Nokia-Handy in so einem Netzwerk zu verwenden, brauchen Sie Ihre MAC-Adresse. Diese erfahren Sie durch Eingabe der Tastenkombination *#62209526# auf dem Startbildschirm.

Die Einstellungen eines gewählten Zugangspunkts können später jederzeit im WLAN-Assistenten eingesehen und verändert werden.

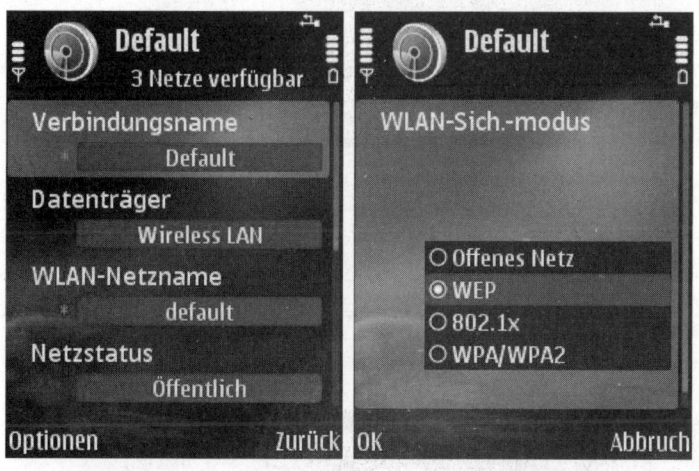

Bild 6.7 Einstellungen eines WLAN-Zugangspunkts im WLAN-Assistenten.

Möchten Sie das Handy nur im WLAN kostenlos zum Internetzugang nutzen und verhindern, dass unterwegs teure Verbindungen aufgebaut werden, können Sie auch einen Zugangspunkt festlegen und die Frage vor einer Internetverbindung ausschalten.

INFO!

Der Trick der Provider

Einige Mobilfunkprovider nutzen die gleiche Methode und schalten die Abfrage nach einem Zugangspunkt aus, damit der Benutzer immer das kostenpflichtige Mobilfunkgateway nutzt.

Starten Sie den Webbrowser auf dem Handy und wählen Sie dann im Menü *Optionen/Einstellungen/Allgemein*. Hier können Sie die Frage nach einem Zugangspunkt vor jeder Internetverbindung ein- oder ausschalten.

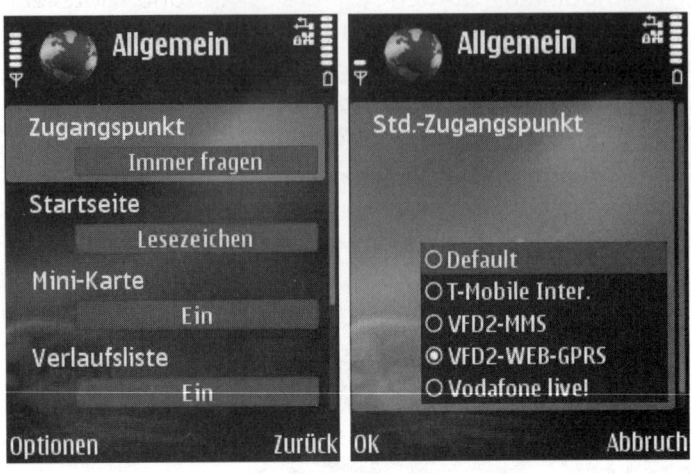

Bild 6.8 Standard-WLAN-Zugangspunkt festlegen.

Wenn das Handy nicht fragen soll, müssen Sie im nächsten Schritt einen Standardzugangspunkt wählen. Nachdem Sie diese Einstellungen gespeichert haben, können internetfähige Anwendungen auf dem Handy ohne weitere Nachfrage eine Internetverbindung über den bevorzugten Zugangspunkt aufbauen.

INFO!

WLAN auch offline

WLAN ist auch im Profil *Offline* nutzbar, wenn keine GSM-Verbindung aktiv ist. Beachten Sie aber: Wo Handys wegen der Hochfrequenzfelder aus Sicherheitsgründen nicht zulässig sind, wie z. B. in Krankenhäusern und Forschungseinrichtungen, ist oft auch WLAN nicht erlaubt.

6.2 Mobiles Surfen an öffentlichen Hotspots

Zu Beginn der WLAN-Mania richteten viele Cafés und Hotels für ihre Gäste einen WLAN-Zugangspunkt ein, über den diese mit einem lokalen DSL-Anschluss ins Internet gehen konnten. Dank Flatrate entstanden für den Betreiber keine zusätzlichen Kosten.

T-Mobile und andere Anbieter erkannten sehr schnell das Potenzial dieser Technik sowie die Scharen mobiler Internetnutzer, die ihnen dadurch entgehen, dass an jeder Straßenecke ein kostenloses WLAN verfügbar ist.

Mit geschickten Provisionsmodellen wurden Cafébetreiber und Hoteliers davon überzeugt, ihr WLAN kostenpflichtig zu machen und daran mitzuverdienen, ohne selbst Aufwand mit der Abrechnung und Autorisierung der Nutzer zu haben. Innerhalb kurzer Zeit erschien es den meisten mobilen Anwendern völlig selbstverständlich, für einen WLAN-Zugang zu bezahlen. Kostenlose WLANs sind leider kaum noch zu finden.

WLAN an großen Bahnhöfen

Auf 25 großen Bahnhöfen in Deutschland stellen mittlerweile vier Anbieter drahtlose Internetzugänge zur Verfügung: Arcor, T-Mobile, The Cloud und Vodafone. Wenn Sie bei einem dieser Anbieter bereits Zugangsdaten haben, können Sie diese auf einer gemeinsamen Startseite eingeben, die allerdings für Notebooks optimiert und nur eingeschränkt handytauglich ist.

Bild 6.9   In 25 großen Bahnhöfen bietet *WLAN_am_Bahnhof* einen einfachen drahtlosen Internetzugang (Foto: Deutsche Bahn AG).

Bahnhöfe mit WLAN

Augsburg Hbf., Berlin Hbf., Berlin Ostbahnhof, Bochum Hbf., Dortmund Hbf., Duisburg Hbf., Düsseldorf Hbf., Düsseldorf Flughafen, Essen Hbf., Frankfurt am Main Hbf., Frankfurt am Main Flughafenfernbahnhof, Gelsenkirchen Hbf., Hamburg Hbf., Hannover Hbf., Hannover Messe-Laatzen, Kaiserslautern Hbf., Köln Hbf., Köln-Deutz, Leipzig Hbf., Mainz Hbf., Mannheim Hbf., München Hbf., Nürnberg Hbf., Stuttgart Hbf., Würzburg Hbf. Weitere Informationen zum Internetzugang an Bahnhöfen bietet die Deutsche Bahn unter *www.bahnhof.de*.

Das *WLAN_am_Bahnhof* erscheint in der Liste der Drahtlosnetzwerke, wenn Sie nach WLANs auf dem Handy suchen. An allen Bahnhöfen wird der gleiche Netzwerkname verwendet, sodass Sie sich jederzeit ganz einfach auch automatisch anmelden können, egal auf welchem Bahnhof mit WLAN-Zugang Sie sich gerade befinden.

Bild 6.10 Der WLAN-Assistent findet drahtlose Netzwerke in der Nähe.

Tippen Sie beim Verbindungsaufbau am einfachsten gleich auf den Menüpunkt *Browsen beginnen*. Damit wird der eingebaute Webbrowser des Handys gestartet.

WLAN_am_Bahnhof zeigt automatisch die Startseite an, die auf dem Handy nicht vollständig browserkompatibel ist. Mit ein wenig Hin- und Herscrollen findet man die Anmeldebuttons der vier Netzbetreiber.

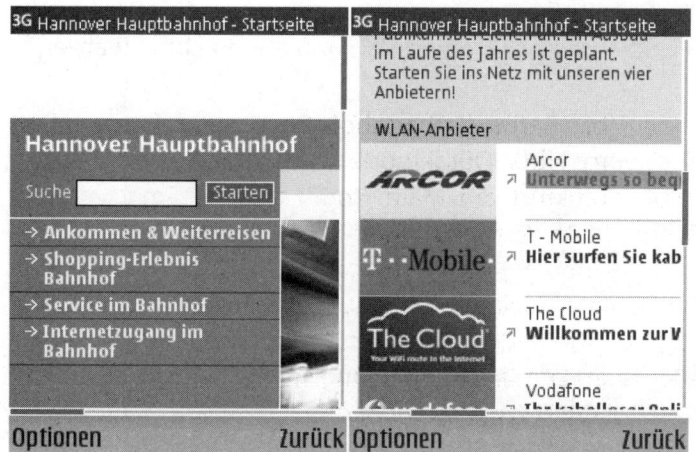

Bild 6.11 Auf dem mobilen Browser ist einiges an Scrollen nötig, bis die Anmeldebuttons gefunden sind.

Der Standardbrowser von Symbian OS kann nur die Anmeldeseiten von Arcor und T-Mobile problemlos nutzen. Geben Sie Ihre Benutzerdaten ein, dann kann es losgehen.

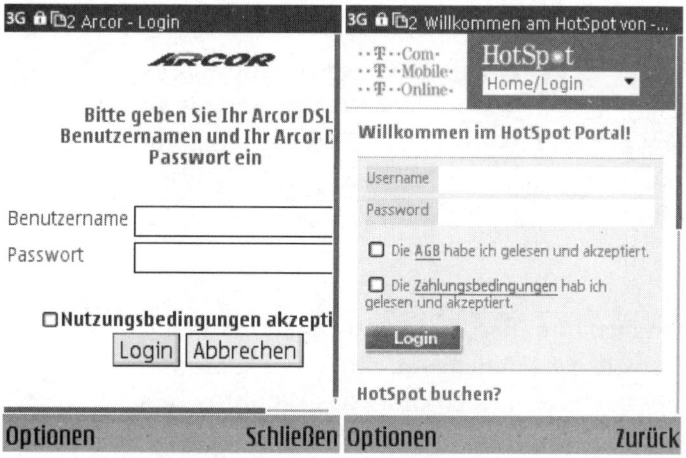

Bild 6.12 Die Anmeldeseiten von Arcor und T-Mobile sind auch unter Symbian OS nutzbar.

T-Mobile-HotSpots nicht nur am Bahnhof

T-Mobile ist der bekannteste Anbieter von öffentlichen WLANs und ist nicht nur über *WLAN_am_Bahnhof* erreichbar. Auch in kleineren Bahnhöfen und Fußgängerzonen gibt es häufig T-Mobile-HotSpots, die von einem Telekom-Laden, Hotel oder Café betrieben werden.

Für die HotSpots von T-Mobile braucht man Zugangsdaten, die vor der ersten Nutzung beantragt werden müssen. Die Telekom bietet hier verschiedene Methoden an (siehe Kasten). Die HotSpot-Nutzung kann über einen T-Online-Vertrag, über ein T-Mobile-Handy oder per Prepaid-Zahlung abgerechnet werden.

> **INFO!**
>
> ### Telekom-HotSpot-Tarife
>
> Die Telekom bietet verschiedene Tarifmodelle für die Nutzung ihrer HotSpots an.
>
> ### HotSpot flat
>
> Für 14,95 Euro/Monat so lange surfen, wie man will. Hier ist ein T-Online-DSL-Vertrag erforderlich.
>
> ### HotSpot by call
>
> Ohne monatlichen Grundpreis für 12 Cent/Minute surfen. Die Abrechnung erfolgt minutengenau über die Telefonrechnung. Zur Anmeldung ist eine T-Online-E-Mail-Adresse erforderlich.
>
> ### HotSpot Pass
>
> Vorausbezahltes Guthaben zur Nutzung. Diese HotSpot-Pässe können für unterschiedliche Zeiträume von 15 Minuten bis 24 Stunden direkt online per Kreditkarte, T-Pay oder auch bar vor Ort gekauft werden. Die Kaufseiten stehen natürlich ohne Anmeldung zur Verfügung.
>
> ### Happy Hour
>
> Die Telekom bietet in Zusammenarbeit mit McDonald's in rund 350 McCafés bundesweit die Möglichkeit, täglich eine Stunde kostenlos im Internet zu surfen. Nach Start des Webbrowsers kommt man auf ein Anmeldeportal, über das man sich kostenlos per SMS eine auf eine Stunde begrenzte HotSpot-Zugangs-PIN schicken lassen kann.

Wenn das Notebook nicht bereits über das lokale Netz *WLAN_am_Bahnhof* verbunden ist, wird ein T-Mobile-HotSpot in der Nähe in der Liste der Drahtlosnetzwerke meist mit der besten Signalstärke auftauchen, dazu eventuell einige weitere Netzwerke von benachbarten WLANs.

Stellen Sie eine Verbindung zu diesem Netzwerk her und starten Sie dann den Browser auf dem Handy. Anstelle der üblichen Startseite öffnet sich automatisch die Anmeldeseite des HotSpots.

Melden Sie sich hier mit Ihren HotSpot-Zugangsdaten an, danach können Sie wie gewohnt im Internet surfen. Einige Informationen zu Telekom-HotSpots stehen auch ohne Anmeldung kostenfrei zur Verfügung.

Sie sollten daran denken, die kostenpflichtige Verbindung abzumelden, wenn Sie sie nicht mehr benötigen. Falls Sie sich nicht explizit abmelden, wird die Verbindung erst nach einer längeren Zeit der Inaktivität automatisch getrennt.

Wie Sie einen HotSpot finden

Wenn man nicht gerade an einem der großen Bahnhöfe steht, ist oft guter Rat teuer. Der nächste HotSpot muss erst einmal gefunden werden.

Flugreisende haben es leicht, in fast allen Lufthansa-Lounges auf deutschen Flughäfen sowie den internationalen Flughäfen von Zürich, Mailand-Malpensa, Paris-CDG, Athen und London Heathrow stehen T-Mobile-HotSpots zur Verfügung.

Auf der Telekom-Webseite *www.hotspot.de* finden Sie über ein Suchformular sämtliche HotSpots der Telekom in Deutschland. Bei den meisten HotSpots gibt es Informationen zu Öffnungszeiten, die Adresse sowie einen Kartenausschnitt. Allerdings sollte man sich diese Informationen vor der Reise besorgen. Wenn unterwegs kein Internetzugang da ist, kommt man auch nicht auf diese Webseite.

Eine weitere Möglichkeit, HotSpots zu finden, ist der Premium-SMS-Dienst von T-Info. Hier schickt man einfach vom Handy eine SMS mit dem Text *Hotspot* an die Kurzwahl TINFO (84636). Das System findet anhand des Standorts des eigenen Handys den nächstgelegenen HotSpot. Allerdings lässt sich die Telekom diesen Service mit 69 Cent pro SMS bezahlen. Der Dienst funktioniert aus allen deutschen Handynetzen. Bei der ersten Nutzung muss man per SMS sein Einverständnis für die Bestimmung seines Standorts abgeben.

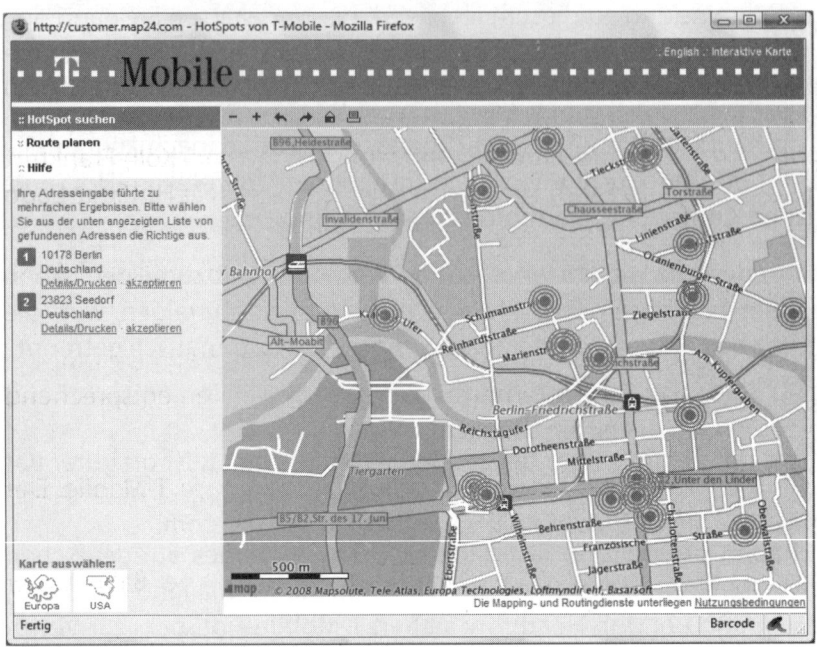

Bild 6.13 Telekom-HotSpot-Standortsuche online.

Noch bequemer geht es mit einer kleinen Java-Applikation auf dem Handy. Das Programm T-Info SMS bietet die Telekom zum kostenlosen Download an. Sie finden es auch in unserem Softwarekatalog unter *www.handybuch.tk*. T-Info SMS bietet eine grafische Oberfläche, aus der die passenden SMS zur Suche von HotSpots, Apotheken, Geldautomaten und einigen anderen wichtigen Orten bequem mit wenigen Tastendrücken automatisch verschickt werden können.

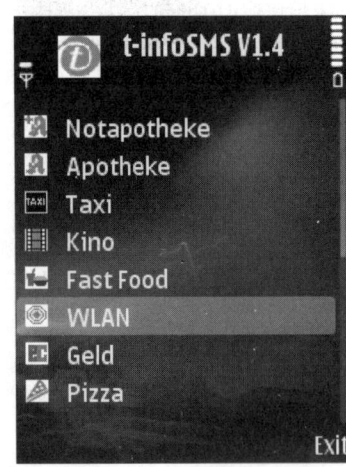

Bild 6.14 T-Info SMS findet den nächsten HotSpot anhand der Position des eigenen Handys.

Drahtlos surfen im ICE

Die Deutsche Bahn und T-Mobile haben im letzten Jahr sehr erfolgreich ein Pilotprojekt zur Internetnutzung im ICE gestartet. Mittlerweile ist das Pilotprojekt in Serie gegangen. Auf der Strecke Dortmund-Düsseldorf-Köln-Frankfurt am Main Flughafen können Fahrgäste in den mit dem T-Mobile HotSpot-Logo gekennzeichneten ICE-Zügen bei Tempo 300 drahtlos surfen. Noch in diesem Jahr sollen mit Frankfurt-Hannover-Hamburg und Frankfurt-Stuttgart-München zwei weitere ICE-Strecken folgen.

Per WLAN erreicht man jederzeit in diesen Zügen ein Informationsportal der Deutschen Bahn. Eine wirkliche Internetnutzung ist nur auf den entsprechend ausgebauten Streckenabschnitten möglich.

Die Anmeldung erfolgt wie bei jedem stationären HotSpot von T-Mobile. Der Netzwerkname ist hier nur *T-Mobile ICE* und nicht *T-Mobile_T-Com*.

Weitere Informationen zu WWW im ICE bietet die Deutsche Bahn unter *www.imice.de*.

Bild 6.15   In speziell gekennzeichneten ICE-Zügen bieten Deutsche Bahn und T-Mobile einen einfachen drahtlosen Internetzugang an (Foto: Deutsche Bahn AG).

Auf dem Vormarsch – die fon.com-Community

Die relativ neue Initiative *fon.com* bietet ein System an, mit dem jeder seinen Internetzugang kostenlos anderen Mitgliedern der Community zur Verfügung stellen und dafür auch kostenlos woanders surfen kann. fon liefert dazu spezielle WLAN-Router, die einen öffentlichen und einen privaten Kanal haben, sodass man sich um die Sicherheit des eigenen Netzwerks keine Gedanken zu machen braucht. Bei *maps.fon.com* findet man fon-Netzwerke auf der ganzen Welt.

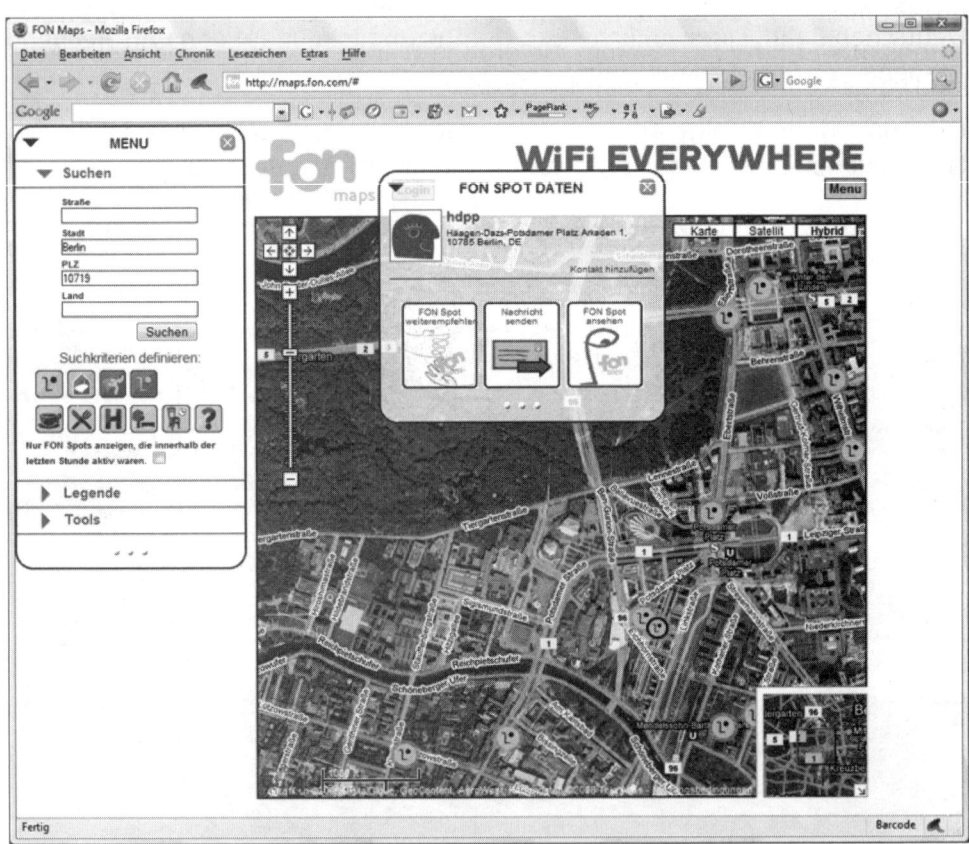

Bild 6.16 Übersichtskarte mit kostenlosen fon-Standorten.

Seit sich Voice over IP-Lösungen zum Telefonieren im Breitbandinternet immer mehr durchsetzen, kann natürlich auch WLAN zum Telefonieren genutzt werden. Zum Telefonieren ist dann ein WLAN-fähiges Endgerät, ein sogenanntes Dual-Mode-Telefon, oder ein Gerät mit geeignetem Betriebssystem nötig, auf dem sich eine Voice over IP-Software installieren lässt.

6.3 Mobil bloggen mit dem Handy

Weblogs, persönliche Tagebücher im Internet, werden immer beliebter. Der neueste Trend ist, Texte und auch Fotos von Handykameras unterwegs zu veröffentlichen, um Reisen oder Partys zu dokumentieren. Um aktuelle, persönliche oder anderweitig wichtige Informationen zu veröffentlichen, muss man sich nicht unbedingt kompliziert eine Webseite einrichten und sich mit dem Design und der HTML-Technik auseinandersetzen.

Weblogs, auch kurz als Blog bezeichnet, bieten einen komfortablen Weg, sehr einfach Informationen zu veröffentlichen. Das Layout kann über Vorlagen frei festgelegt werden. Dabei liefern die großen Weblog-Anbieter eine große Auswahl vorgefertigter ansprechender Designs.

Bild 6.17   Das Weblog zum Buch – *handybuch.blogspot.com***.**

Anstatt Dateien zu editieren und manuell auf einen Server hochzuladen, kann man hier formulargestützt direkt im Browser Inhalte eintragen und Links und Bilder definieren. Man muss sich nur einmal bei einem Anbieter ein solches Weblog einrichten und kann dann später jederzeit und von überall darauf zugreifen. Der Administratorbereich ist natürlich passwortgeschützt, der öffentliche Bereich ist für jeden Internetsurfer wie eine normale Webseite sichtbar.

Die wichtigsten Elemente einer Webseite, wie die Navigation innerhalb der Seite und die Verlinkung mit anderen Seiten, werden durch das Weblog-System automatisch geregelt. Auch bieten fast alle Weblogs automatisch generierte RSS-Newsfeeds an, sodass die aktuellen Einträge in RSS-Readern und auf anderen Webseiten dargestellt werden können. Durch die intensive Verlinkung zwischen Weblogs hat eine Seite auch größere Chancen, bekannt zu werden, als wenn sie irgendwo bei einem Provider steht und erst mühsam in Suchmaschinen eingetragen werden muss.

Die bekanntesten Weblog-Anbieter sind *www.blogger.com*, *www.twoday.net*, *my.opera.com*, *www.blog.de* und *www.blogg.de*.

Nokia Lifeblog – das ist mein Leben

Nokia Lifeblog ist eine Software, die auf Handys der N-Serie besuchte Webseiten, Medien und Nachrichten in einer Zeitlinie speichert. So lassen sich wichtige Teile des persönlichen Lebens ganz einfach durch die Aktivitäten auf dem Handy dokumentieren.

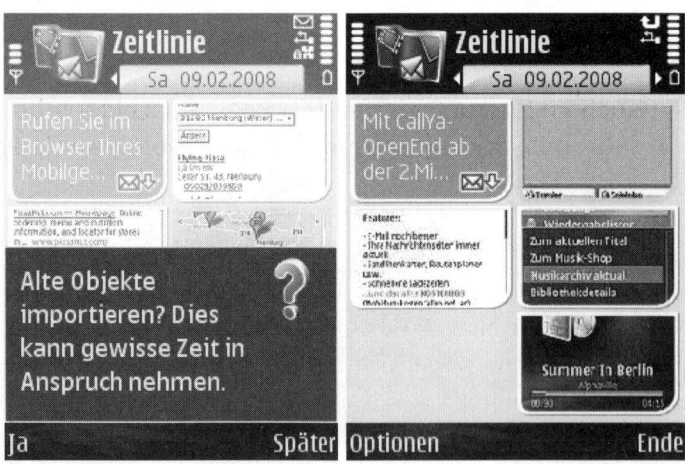

Bild 6.18 Lifeblog sammelt Bilder und Nachrichten auf dem Handy in einer Zeitlinie.

Zusammen mit einer PC-Software, die es kostenlos bei *www.nokia.de/lifeblog* zum Download gibt, kann man sich auf dem PC ein persönliches Tagebuch erstellen. Einzelne Elemente lassen sich löschen oder auch mit Kommentaren versehen.

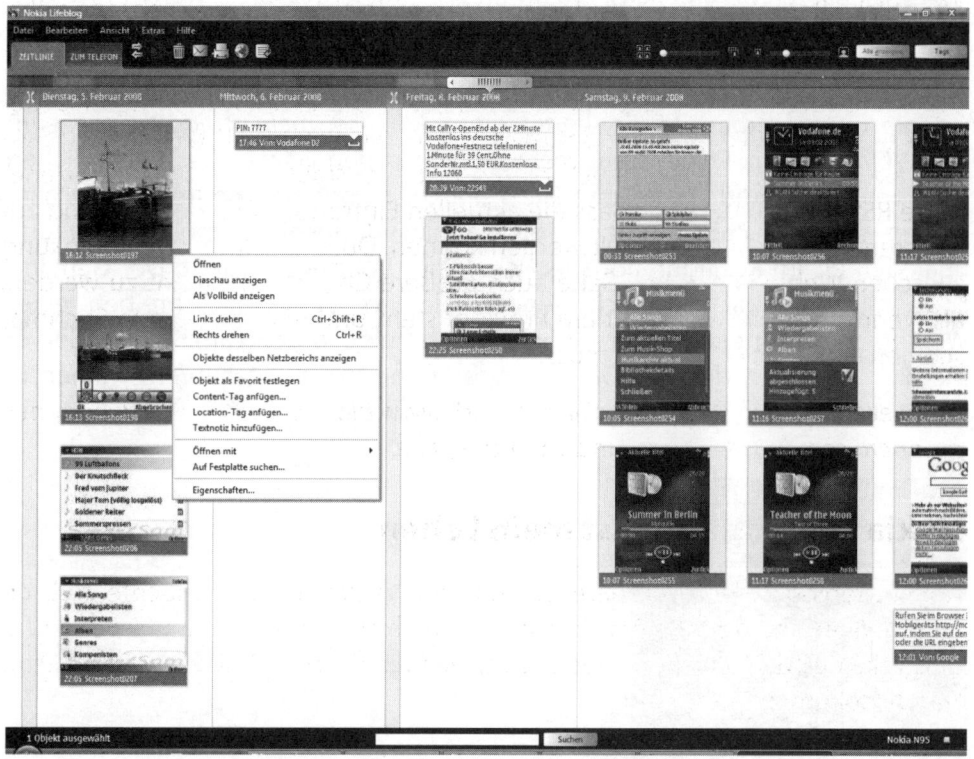

Bild 6.19 Nokia Lifeblog-Zeitlinie auf dem PC.

Das eigene Lifeblog kann auch im Internet veröffentlicht werden. Leider arbeitet Nokia hier bis jetzt nur mit dem kostenpflichtigen Weblog-Anbieter Typepad zusammen.

Handybloggen per E-Mail

Weblogs sind die ideale Lösung für alle, die ohne viel technischen Aufwand eine ansprechende Webseite mit ihren persönlichen Inhalten haben möchten. In Zeiten des mobilen Internets möchten viele Anwender ihre Weblogs auch von unterwegs jederzeit aktualisieren und neue Einträge veröffentlichen können. Leider verwenden die meisten Weblog-Anbieter grafisch aufwendige Formulare zur Eingabe neuer Texte, die sich für die einfachen Browser auf Handys nicht eignen. Immer mehr bekannte Weblog-Dienste unterstützen deshalb das sogenannte Moblogging, das mobile Schreiben von Weblog-Nachrichten per E-Mail oder SMS.

Dazu müssen Sie in den Einstellungen Ihres Weblogs eine spezielle E-Mail-Adresse definieren. Alle Mails, die an diese Adresse geschickt werden, werden automatisch im Weblog veröffentlicht.

Beim bekanntesten Weblog-Dienst *blogger.com*, der vor einiger Zeit von Google übernommen wurde, lautet diese Adresse: *meinweblog.meingeheim-code@blogger.com*. Dabei steht *meinweblog* für den Namen des persönlichen Weblogs, der öffentlich bekannt ist. *meingeheimcode* ist eine frei definierbare Zahlen- und Buchstabenkombination, die man vor der ersten mobilen Nutzung über den PC im Konfigurationsbereich seines Weblogs festlegt. Der Geheim-code muss natürlich wirklich geheim bleiben, da beim Schreiben eines Weblog-Eintrags per E-Mail kein normaler Anmeldevorgang am Blogger-Server möglich ist. Jeder, der den Geheimcode kennt, kann unter Ihrem Namen in Ihrem Weblog veröffentlichen.

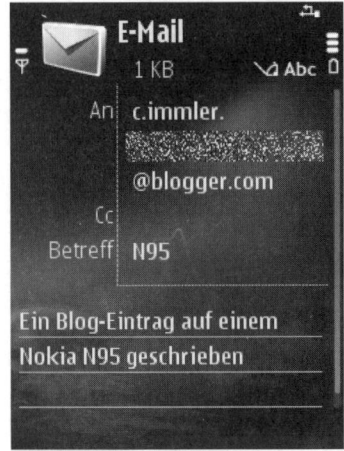

Bild 6.20 Blog-Eintrag als E-Mail auf dem Handy schreiben.

Die Betreffzeile der gesendeten Mail wird zur Titelzeile des Weblog-Eintrags, der Text der Mail erscheint im Blog. Eine Übertragung von Bildern ist im Mail-to-Blogger-System nicht möglich.

E-Mail-Blogging bei anderen Anbietern

Der Weblog-Hoster *twoday.net* verwendet ebenfalls E-Mail-Adressen, dabei wird allerdings nicht der komplette Weblog-Name, sondern nur ein verkürzter Teil angegeben, um das Erkennen noch schwieriger zu machen.

Blog.de verwendet E-Mail-Adressen nach dem Schema: *mein-weblog.meingeheimcode@mail2.blog.de*, wobei der Geheimcode auch selbst vergeben werden kann. Hier besteht zusätzlich die Möglichkeit, alle mobil geschriebenen Weblog-Einträge automatisch mit bestimmten Tags zu versehen. Tagging (einen Blog-Eintrag mit bestimmten Stichwörtern versehen) ist sonst nur über die Weboberfläche des Anbieters möglich.

Blogg.de bietet nach einer kurzen Freischaltung eine personalisierte E-Mail-Adresse an, an die Blog-Einträge vom Handy geschickt werden können. Bilder, die als Anhang der Mail versendet werden, erscheinen ebenfalls im Weblog. Sie dürfen aber nicht in die Mail eingebettet sein.

Über *Blogg.de* können sogar fremde Weblogs Moblogging-fähig gemacht werden. Dies ist besonders interessant für Weblogs, die auf eigenen Servern liegen und nicht über einen der großen Anbieter laufen. Die verwendete Software muss lediglich die Meta-Weblog-API (XML-RPC) unterstützen, was bei den meisten aktuellen Weblog-Programmen der Fall ist.

Bloggen per SMS

Wer ein Handy ohne E-Mail-Programm verwendet, kann bei vielen Anbietern auch SMS zum Bloggen nutzen. Dazu muss allerdings zuerst die Funktion zum Senden einer SMS an eine E-Mail-Adresse vom Provider freigeschaltet werden. Bei den meisten Anbietern sind SMS an E-Mail-Adressen teurer als an Mobilfunknummern. Die Freischaltung erfolgt mit einer speziellen SMS an eine Kurzrufnummer des Anbieters, siehe Tabelle:

	T-Mobile	Vodafone	E-Plus	o2 Germany
Aktivieren	OPEN	OPEN	START	+OPEN
Deaktivieren	CLOSE	CLOSE	STOP	STOP
Nummer	8000	3400	7676245	6245
Gateway	t-mobile-sms.de	vodafone-sms.de	smsmail.eplus.de	o2online.de

Kurz nach dem Versand erhält man eine Bestätigungs-SMS, die besagt, dass der Zugang aktiviert wurde. Zum Bloggen per SMS schreibt man eine SMS an die Nummer des Anbieters aus der Tabelle. Am Anfang der SMS muss die E-Mail-Adresse des Weblogs stehen, nach einem Leerzeichen dahinter der eigentliche Text.

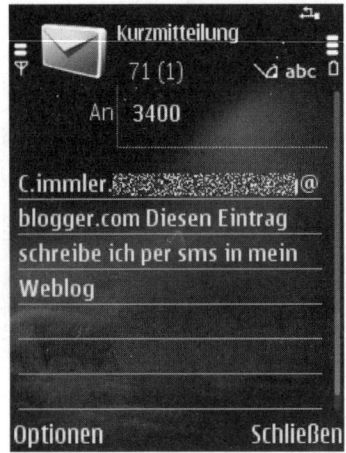

Bild 6.21   Blog-Eintrag als SMS auf dem Handy schreiben.

Webmaildienste und SMS-to-Mail-Gateways hängen oft einen Werbeblock an versendete E-Mails, der dann ebenfalls im Weblog auftaucht.

Um das zu verhindern, schreibt man bei Mail-to-Blogger am Ende des eigentlichen Eintrags die Zeichenfolge *#end*. Alles, was danach noch in der E-Mail steht, wird automatisch ignoriert und nicht in das Weblog übernommen.

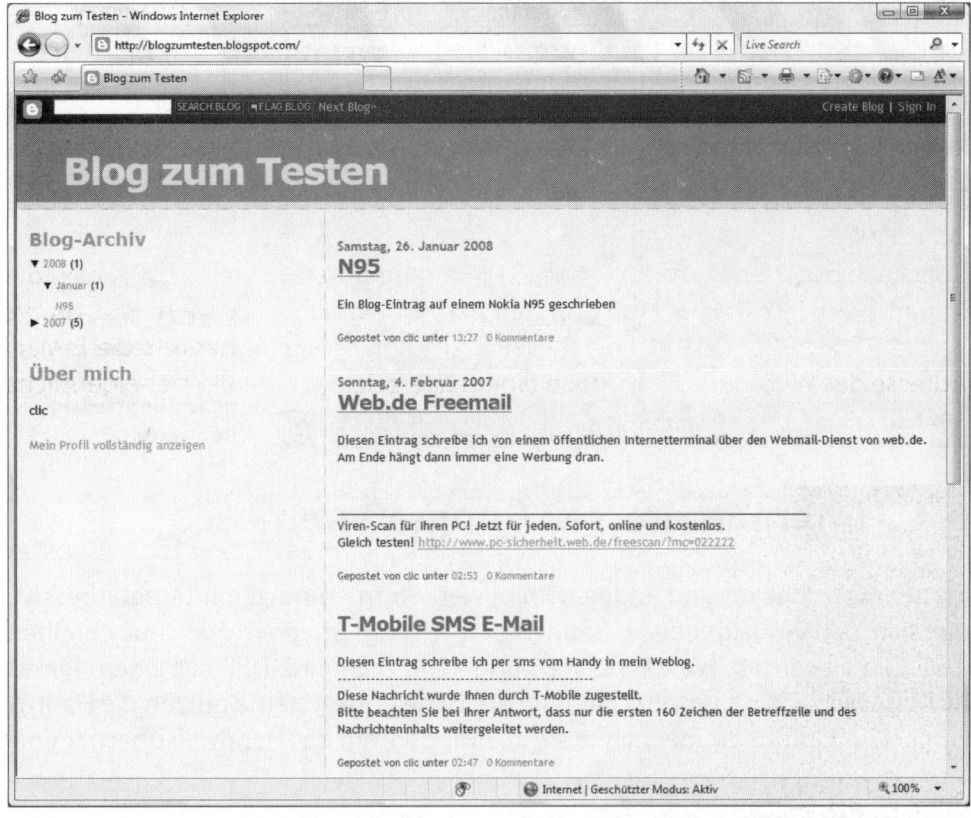

Bild 6.22 Unerwünschte Werbebotschaften am Ende von Weblog-Einträgen, die per E-Mail gepostet wurden.

Bloggen in der Opera Community

Die Weblogs der Opera Community *my.opera.com* lassen sich zum Bloggen per E-Mail und auch per MMS freischalten. Hier bekommt man eine spezielle E-Mail-Adresse mit einem automatisch generierten Code, an die die Nachrichten gesendet werden müssen. Dabei sind auch Bildnachrichten möglich. Opera-Weblogs lassen sich mit dem Handybrowser betrachten, besonders gut funktioniert es mit dem Browser Opera mobile, der speziell zur Darstellung komplexer Webseiten auf kleinen Handybildschirmen optimiert ist.

Der mobile Opera Browser kann die Seiten der Opera Community in einer speziellen handyoptimierten Version darstellen, sodass die volle Funktionalität dieser Community auch mobil nutzbar ist. Hier gibt es ebenfalls eine mobile Version der Formulare zum Schreiben und Bearbeiten von Nachrichten, sodass E-Mail-Blogging nicht nötig ist.

Bild 6.23 Opera Community-Weblog im mobilen Opera Browser und im Standard Nokia Browser.

6.4 Internetadressen fotografieren

Immer mehr Plakate und andere Offlinewerbeformen nutzen Internetadressen, die sich der vorbeigehende Betrachter allerdings merken oder aufschreiben muss. Im Gegensatz zur Bannerwerbung kann man eine URL auf einem Plakat nicht einfach anklicken. Verschiedene grafische Codesysteme nutzen die Handykamera, um Informationen, ohne sie abzutippen, auf das Handy zu übertragen.

Nokia QRCode – zweidimensionale Barcodes

Nokia entwickelt eine spezielle Form zweidimensionaler Barcodes, die Internetadressen oder auch andere Informationen enthalten können. Die Codes müssen nur mit der Handykamera fotografiert werden, und schon werden die codierten Informationen im Klartext auf dem Handy übernommen. Diese QRCodes sind quadratisch und leicht an den drei schwarzen, umrandeten Quadraten in den Ecken zu erkennen.

Zahlreiche aktuelle Nokia-Handys haben dazu eine Software vorinstalliert. Diese ist nur leider etwas versteckt und nicht unter *Programme*, sondern unter *Office* auf den Handys zu finden.

Das Programm verwendet die Handykamera und stellt diese automatisch auf einen Nahaufnahmemodus. Bringt man den Barcode in den markierten Bereich auf dem Bildschirm, testet die Software selbstständig verschiedene Kameraeinstellungen, bis die Grafik erkannt wird.

Bild 6.24 Die Barcode-
Software versucht
selbstständig, einen
Barcode zu lesen.

Wird der Barcode erkannt, erscheint sofort die Klartextinformation auf dem
Bildschirm. Diese kann zur späteren Verwendung gespeichert werden.
Weblinks lassen sich direkt im Handybrowser aufrufen.

Bild 6.25 Der Barcode
im Klartext führt direkt
auf die entsprechende
Internetseite.

INFO!

Barcodes selbst erstellen

Das Firefox-Plug-in Mobile Barcoder (*addons.mozilla.org/en-US/
firefox/addon/2780*) erstellt automatisch QRCodes für besuchte
Webseiten. Fährt man mit der Maus unten rechts im Browser-
fenster auf das Wort *Barcode*, erscheint eine QRCode-Grafik.

WLAN-KONFIGURATION AUF NOKIA-HANDYS

NOKIA-HANDY-BUCH

115

 Auf diese Weise können mobile Bookmarks ganz einfach auf dem PC besucht, mit dem Handy fotografiert und dort als Lesezeichen gespeichert werden, ohne dass man die Adressen mühsam mit der Handytastatur eintippen muss.

Offline-Weblinks mit ShotCode

ShotCodes stellen eine weitere Technologie dar, mit der Internetlinks mit der Handykamera fotografiert werden können. Ein ShotCode ist eine runde, kontrastreiche Schwarz-Weiß-Grafik, die alle Informationen einer bestimmten Internetadresse enthält. Wer an einem Plakat mit einem ShotCode vorbeikommt, kann es einfach mit der Handykamera fotografieren. Eine spezielle Software, die man kostenlos bei *www.shotcode.com* herunterladen kann, wertet das Bild aus und schickt die Daten an den ShotCode-Server, der die Verbindung zu der Webseite herstellt, für die der ShotCode generiert wurde.

Bild 6.26 ShotCodes einfach mit der Handykamera fotografieren (*www.shotcode.com*).

6.5 Opera mobile – der optimale Handybrowser

Nur die wenigsten Webseiten sind für die Darstellung auf kleinen Handybildschirmen optimiert. Auf vielen Seiten sind Inhalte unvollständig oder gar nicht erkennbar, die Navigation setzt häufig zwingend eine Maus voraus, sodass man auf dem Handy oft nur die Startseite einer Webpräsenz erreicht. Aufgabe des Handybrowsers ist es, die Webseiten so aufzubereiten, dass sie auf einem Handy mit kleinem Bildschirm dargestellt werden und navigierbar sind.

Opera, bekannt durch seinen innovativen Webbrowser für Windows, liefert auch eine mobile Version für alle gängigen Handyplattformen, darunter Symbian S60 3rd Edition. Opera bietet einen Vollbildmodus und eine komfortable Navigation per Handytastatur an. Verlinkte Webseiten können in neuen Bildschirmfenstern geöffnet und auf einfache Weise als Bookmarks gespeichert werden. Ähnlich wie auf dem PC ist ein automatisches Ausfüllen von Formularen und Vervollständigen von Internetadressen möglich. Eine lokale Startseite vereinfacht die Navigation und zeigt die am häufigsten angewählten Internetseiten an.

Bild 6.27 Opera mobile auf dem Handy.

Webseiten, die keine Rücksicht auf die Bildschirmauflösung des Besuchers nehmen, sind auf Handys nicht lesbar. Hier hilft die Zoomfunktion von Opera, um die Darstellung auf eine brauchbare Größe zu bringen. Operas innovative Small-Screen-Rendering-Technologie kann Webseiten so umformatieren, dass sie auf kleinen Bildschirmen darstellbar sind. Mit einem Tastendruck wird die Normaldarstellung wiederhergestellt. Der Bildschirm zeigt jetzt einen scrollbaren Ausschnitt der Seite.

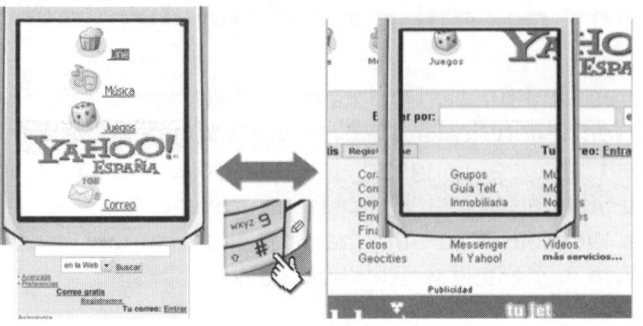

Bild 6.28 Die Small-Screen-Rendering-Technologie von Opera.

Diese Technologie funktioniert besonders gut auf den Seiten der Opera Community. Hier lassen sich fast alle Funktionen völlig problemlos auch unterwegs nutzen. Ein eigener Passwortmanager in Opera erleichtert die Anmeldung bei Weblogs und Webmaildiensten auf dem Handy.

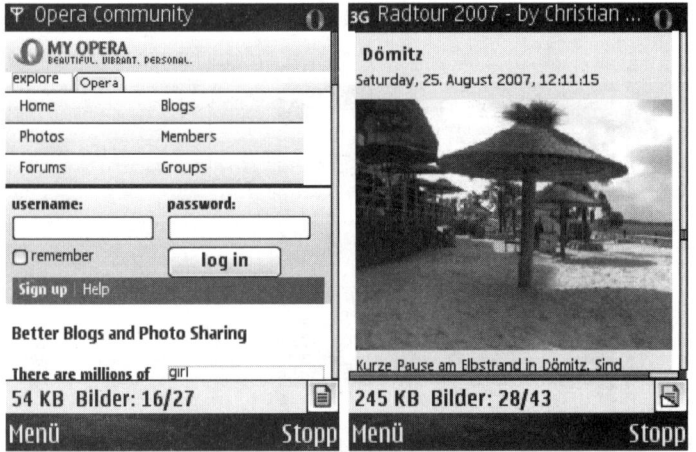

Bild 6.29 Startseite der Opera Community und Weblog-Eintrag auf dem Handy.

Opera Mini für Java-basierte Handys

Nicht nur auf Smartphones, sondern auch auf den meisten einfachen Java-fähigen Handys, beispielsweise Nokia 3110 oder 6230i, lassen sich mithilfe von Opera Mini HTML-Seiten darstellen. Die Webseiten werden hierbei über einen Server gerendert, der die Texte und Bildelemente komprimiert. Auf diese Weise werden weniger Daten übermittelt, was sich überaus positiv auf die Abrechnung der Datenübertragungskosten auswirkt.

Bild 6.30 Opera Mini für viele Java-Handys. Download unter *www.operamini.com*.

7 Via Handy mit dem Notebook ins Internet

Zum drahtlosen Internetzugang von Notebooks gibt es verschiedene Möglichkeiten. Viele Geräte haben bereits WLAN eingebaut oder können mit einem WLAN-Stick am USB-Port nachgerüstet werden. Wo kein WLAN verfügbar ist, hilft eine PCMCIA-Karte zur Datenübertragung per GPRS oder HSDPA, wie sie von den Mobilfunkbetreibern angeboten werden. Diese Steckkarten verwenden zur Anmeldung im Netz und zur Abrechnung normale SIM-Karten, die man in einen speziellen Steckplatz in der Karte schiebt. Die gleiche Technik wird auch als ExpressCard oder USB-Box angeboten.

Bild 7.1 Die web'n'walk Card compact II von T-Mobile (Foto: T-Mobile).

Anstelle solcher Speziallösungen kann man aber auch ein normales Handy als Modem verwenden, um damit mit dem Notebook ins Internet zu gehen. Die Verbindung von Notebook und Handy erfolgt über ein Kabel, per Bluetooth oder Infrarot. Da lange Zeit fast jedes Handy ein anderes Steckersystem verwendete, war die Kabellösung relativ unpopulär. Erst seit Handys USB-Kabel haben, sind Kabel wieder die einfachste und stabilste Lösung.

INFO!

Sichere Infrarotverbindungen

Infrarotverbindungen sind im Vergleich zu WLAN und Bluetooth sehr abhörsicher, da die Daten nur zwischen zwei Geräten übertragen werden, die Sichtkontakt in einem geringen Abstand haben. Ein unbemerktes Abhören ist nicht möglich.

7.1   Handy per Bluetooth als Modem nutzen

Handys können per Bluetooth als Modem für eine Netzwerkverbindung genutzt werden, um von einem Notebook ins Internet zu gehen. Auf dem Handy muss Bluetooth aktiviert und auf erkennbar geschaltet sein.

1. Ist diese Voraussetzung gegeben, stellen Sie mit dem PC eine Bluetooth-Verbindung zum Handy her. Klicken Sie dazu auf das Bluetooth-Symbol im Infobereich der Taskleiste und wählen Sie im Kontextmenü *Bluetooth-Gerät hinzufügen*.

2. Schalten Sie im ersten Schritt des Assistenten die Schaltfläche *Gerät ist eingerichtet und kann erkannt werden* ein. Nur so funktioniert der Assistent überhaupt.

Bild 7.2 Start des Bluetooth-Assistenten.

3. Nun wählen Sie das Handy aus, das für die Bluetooth-Verbindung genutzt werden soll, hier ein Nokia N95.

Bild 7.3 Auswahl eines Bluetooth-Geräts.

4. Für Bluetooth-Verbindungen ins Internet sollten Sie immer einen Schlüssel verwenden. Wenn Sie auf dem Handy Verbindungen ohne Schlüssel zulassen, kann auf diese Weise jeder, der das Handy per Bluetooth sieht, auf Ihre Kosten ins Internet gehen. Wählen Sie also im nächsten Schritt des Assistenten am besten die Option *Eigenen Hauptschlüssel auswählen*. Hier können Sie jetzt selbst einen Schlüssel festlegen.

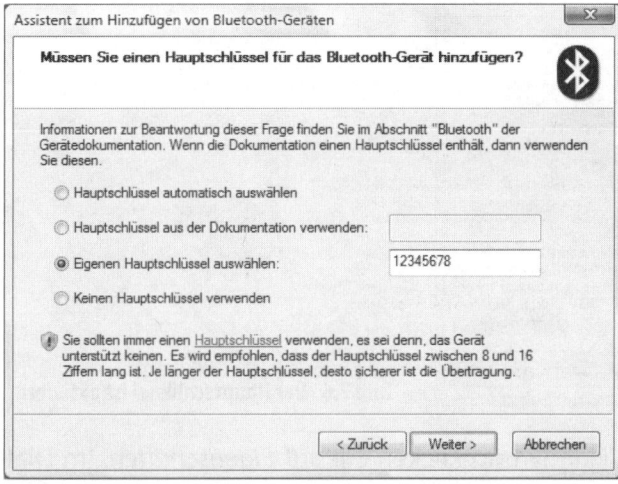

Bild 7.4 Eingabe eines Schlüssels für die Bluetooth-Verbindung auf dem PC.

5. Denselben Schlüssel müssen Sie jetzt auch noch auf dem Handy eingeben.

Bild 7.5 Eingabe des Schlüssels für die Bluetooth-Verbindung auf dem Handy.

6. In den Bluetooth-Einstellungen wird das Handy unter *Telefone und Modems* angezeigt. Diesen Dialog erreichen Sie über die Systemsteuerung unter

Netzwerk und Internet/Bluetooth-Geräte oder über das Bluetooth-Symbol im Infobereich der Taskleiste.

Bild 7.6   Der Hauptschlüssel ist aktiviert.

7. Markieren Sie hier das Handy und klicken Sie auf *Eigenschaften*. Im Dialog-feld *Eigenschaften von N95* werden auf der Registerkarte *Dienste* die für die-ses Gerät verfügbaren Dienste angezeigt. Schalten Sie dort das *Einwählnetz-werk (DUN)* ein. Bei einigen Handys müssen Sie jetzt eine Anfrage des PCs bestätigen.

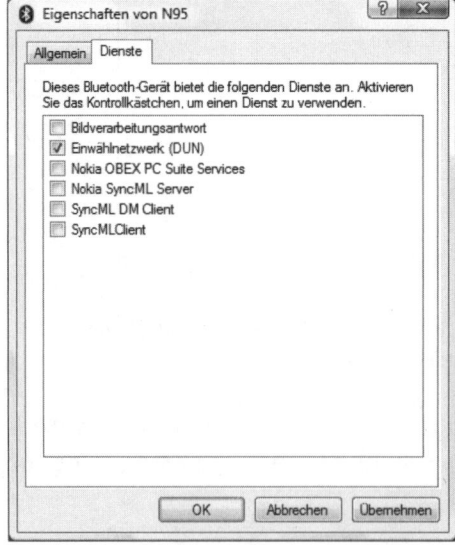

Bild 7.7   Über Bluetooth verfügbare Dienste eines Handys.

8. Windows Vista richtet jetzt automatisch eine *Standardmäßige Modem-über-Bluetooth-Verbindung* zwischen PC und Handy ein. Diese Verbindung bezieht sich nur auf die technische Verbindung zwischen den Geräten, nicht auf die logische Verbindung ins Internet.

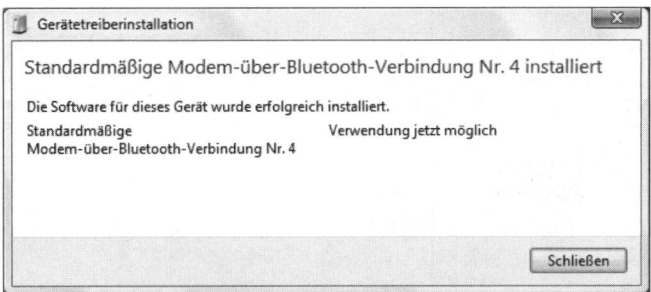

Bild 7.8   Vista meldet, dass die Verbindung eingerichtet wurde.

9. Diese müssen Sie jetzt im Netzwerk- und Freigabecenter einrichten. Klicken Sie dort links auf *Verbindung mit einem Netzwerk herstellen* und im folgenden Dialogfeld auf den Link *Eine Verbindung oder ein Netzwerk einrichten*.

Bild 7.9   Eine neue Internetverbindung einrichten.

10. Wählen Sie im nächsten Dialogfeld die Option *Wählverbindung einrichten*.

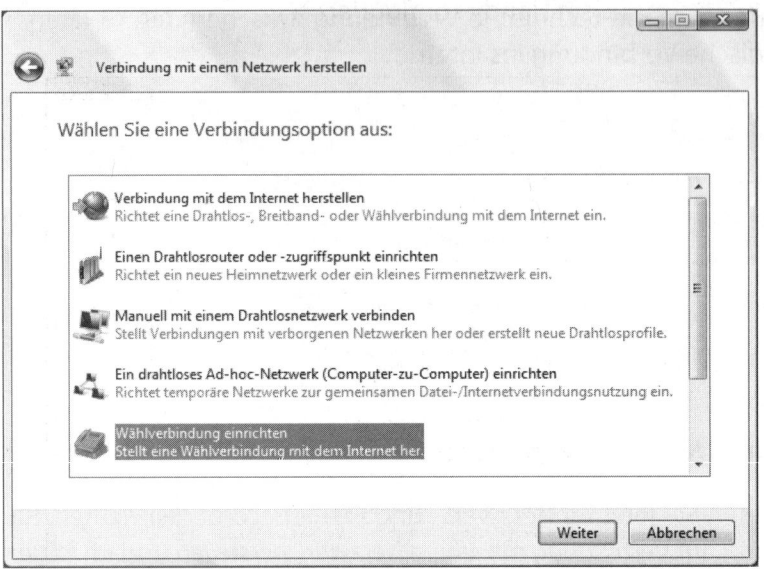

Bild 7.10 Wählverbindung einrichten.

11. Hier wird das Handy als *Standardmäßige Modem-über-Bluetooth-Verbindung* angezeigt.

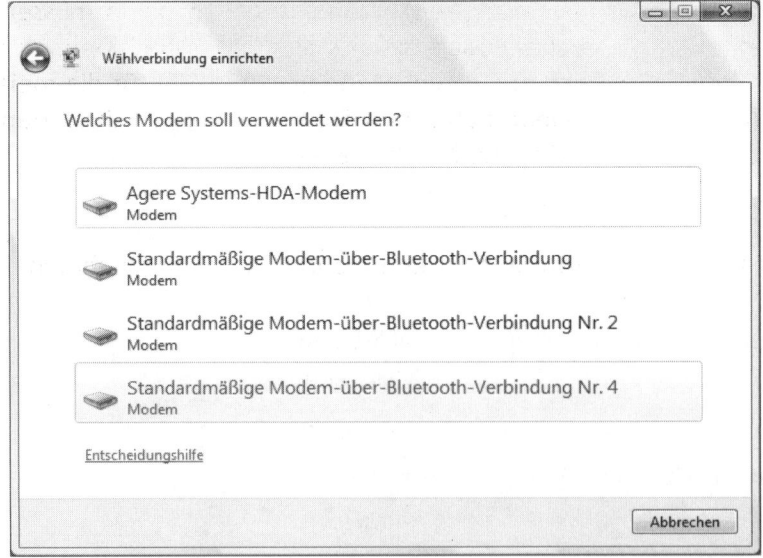

Bild 7.11 Verbindung mit der standardmäßigen Modem-über-Bluetooth-Verbindung herstellen.

12. Bei der Frage nach der Telefonnummer geben Sie *99# ein. Dies ist die Standardnummer zum Aufbau einer GPRS-Verbindung. Die GPRS-Verbindung muss dazu auf dem Handy konfiguriert sein.

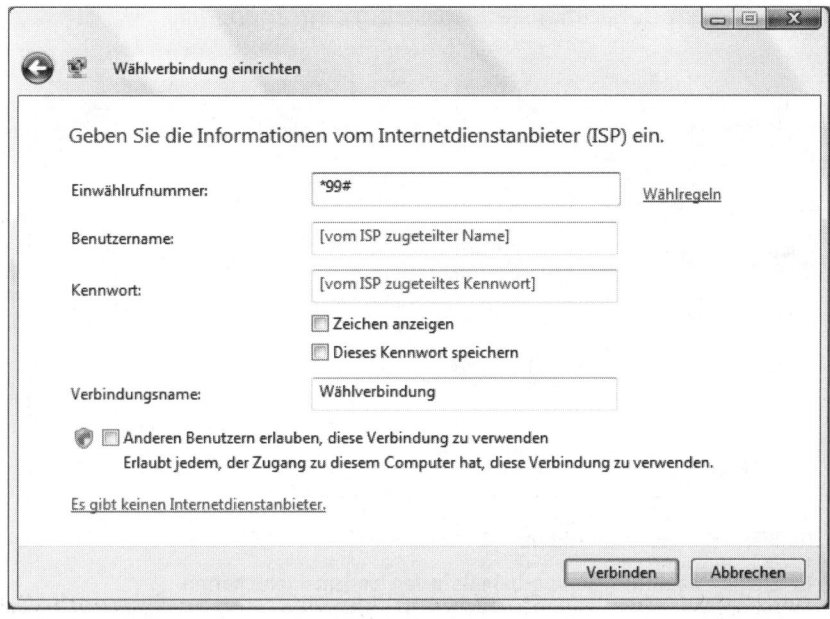

Bild 7.12 Eigenschaften der neuen Verbindung.

13. Damit das Handy die Verbindung zum Provider aufbauen kann, müssen Sie in den Modemeigenschaften noch einen speziellen Initialisierungsstring angeben. Dieser setzt sich aus einem Standardstring, der für die meisten Handys gleich ist (im Zweifelsfall sehen Sie im Handbuch Ihres Handys nach), und einem APN-String des Netzbetreibers zusammen:

```
+CGDCONT=1,"IP","APN","",0,0
```

Diesen APN-Parameter können Sie der folgenden Tabelle entnehmen:

Netzbetreiber	APN-String
T-Mobile	internet.t-d1.de
Vodafone	web.vodafone.de
E-Plus	internet.eplus.de
02	internet

14. Um den APN-String eingeben zu können, wählen Sie das Modem in den *Telefon- und Modemoptionen* und klicken dann auf *Eigenschaften*. Im nächsten Dialogfeld klicken Sie auf *Einstellungen ändern* und bestätigen die Anfrage der Benutzerkontensteuerung. Danach können Sie auf der Registerkarte *Erweitert* den Initialisierungsstring eintragen.

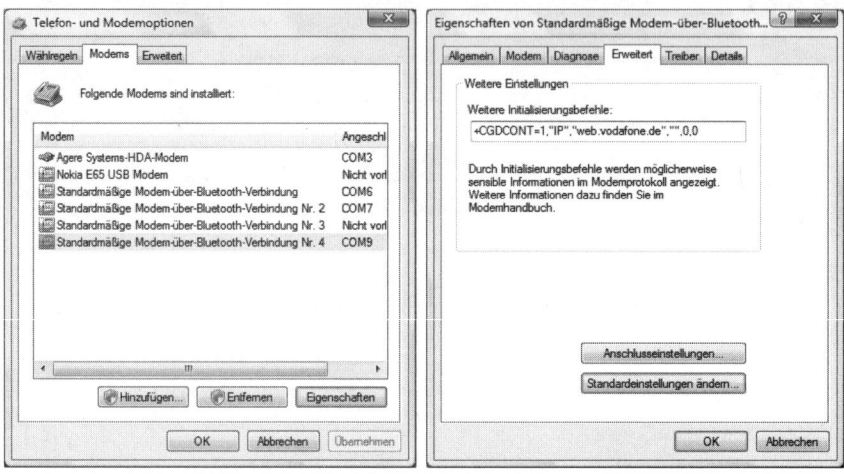

Bild 7.13   Eingabe des Initialisierungsbefehls in den Modemeigenschaften.

Jetzt können Sie die Netzwerkverbindung auf dem PC wie jede andere Netzwerkverbindung für alle Internetanwendungen nutzen. Der Rechner steuert das Handy komplett selbstständig. Hier brauchen Sie keine Internetverbindung manuell aufzubauen.

8 Nokia-Handys mit Thunderbird synchronisieren

Die meisten Handys, die einen Kalender und ein Adressbuch eingebaut haben, können diese Daten mit Microsoft Outlook oder auch Outlook Express auf dem lokalen PC abgleichen. Zur Datenübertragung wird dieselbe Verbindung genutzt, die auch zur Installation von Software auf dem Handy benutzt wird: USB-Kabel, Bluetooth oder Infrarot. Jedes E-Mail-Programm enthält ein Adressbuch, und jedes moderne Handy kann E-Mails verschicken. Nur muss man alle Adressen zweimal eintippen: einmal auf dem PC, einmal auf dem Handy. Outlook- und Outlook Express-Benutzer haben es einfach, weil nahezu alle Handys mit beiden Outlook-Versionen die Adressbücher und Termine abgleichen können. Aber auch mit anderen E-Mail-Programmen ist der Datenaustausch möglich. An erster Stelle muss hier Mozilla Thunderbird genannt werden.

8.1 Series 40-Handys mit Thunderbird synchronisieren

Besitzen Sie ein Java-basiertes Nokia-Handy, bietet sich eine Möglichkeit an, Ihre Handydaten mit Thunderbird zu synchronisieren. NokSync heißt die Lösung des Problems. NokSync ist eine Thunderbird-Erweiterung und kann auf der Webseite von KaarPoSoft unter *www.kaarposoft.dk/noksync/* heruntergeladen werden. Das Programm kann allerdings nur Adress- bzw. Kontaktdaten abgleichen. Kalenderdaten und Termine können mit NokSync nicht synchronisiert werden. Außerdem werden nur einfache Handys und die Nokia PC Suite bis Version 6.83 unterstützt.

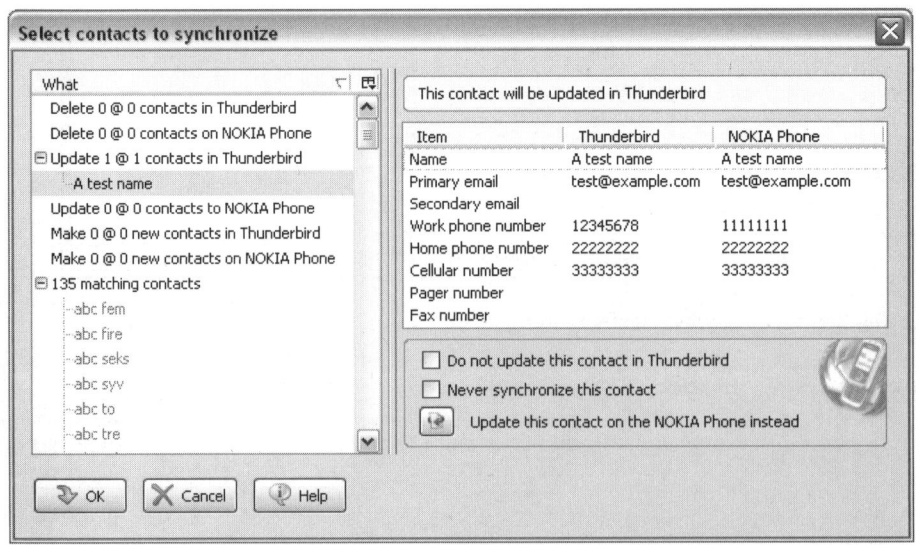

Bild 8.1   Thunderbird-Erweiterung NokSync für den Datenabgleich mit einfachen Nokia-Handys.

8.2 Symbian-Handys mit Thunderbird synchronisieren

Aber auch Besitzer leistungsfähiger Symbian-Handys können ihr Gerät mit Mozilla Thunderbird und anderen E-Mail-Clients mithilfe der Software Mobile Master und dem Oxygen Phone Manager synchronisieren.

Mobile Master

Hier können die Daten des Kalenders und des Adressbuchs direkt mit diversen Desktopanwendungen synchronisiert werden. Es ist kein Zwischenformat zum Datenexport nötig. Zur Datensynchronisation werden folgende E-Mail-Clients unterstützt: Lotus Notes, Palm Desktop, Thunderbird,Tobit David Infocenter, Novell Groupwise, Eudora, The Bat, Outlook Express sowie Outlook und Opera.

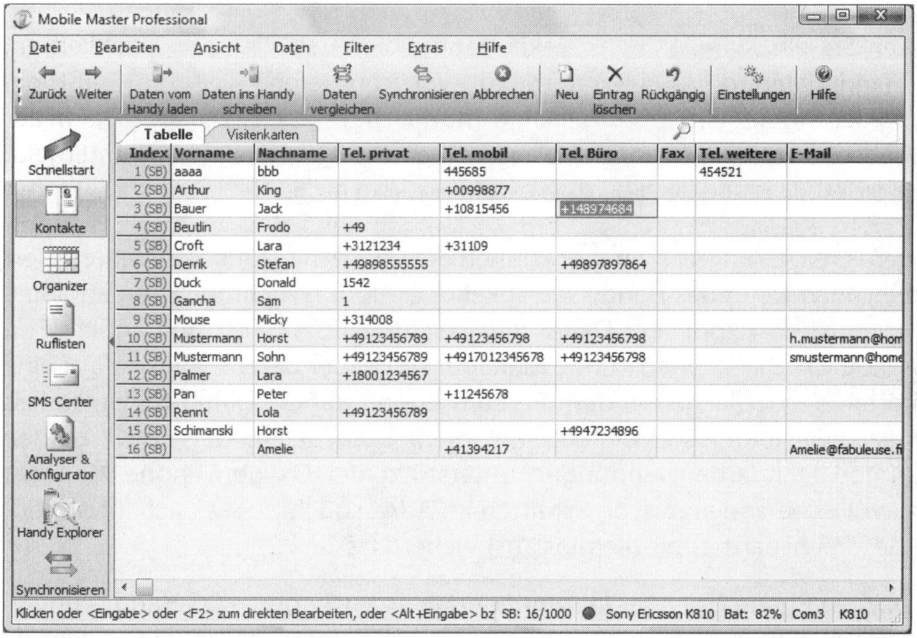

Bild 8.2 Das Handyadressbuch in Mobile Master.

Oxygen Phone Manager

Beim Oxygen Phone Manager werden die Daten direkt mit dem Handy synchronisiert. Außerdem bietet das Programm direkten Zugriff auf SMS, MMS, Logos, Melodien, GPRS- und WAP-Einstellungen, Diktafonaufnahmen und viele weitere Daten auf dem Handy.

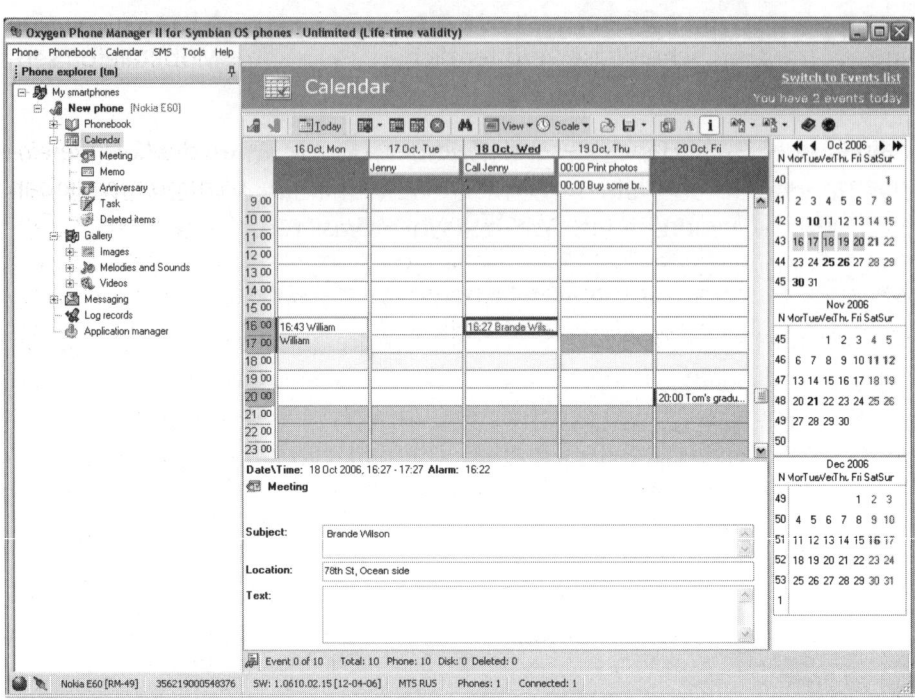

Bild 8.3   Der Kalender im Oxygen Phone Manager auf einem Nokia E60.

Aus dem Oxygen Phone Manager können die Daten mit Outlook synchronisiert werden, auch wenn das Handy selbst keine Outlook-Synchronisation anbietet. Weiterhin ist ein Export der Daten in Excel, XML, CSV, HTML und andere Formate möglich. Der Oxygen Phone Manager stellt aber bereits von sich aus eine komfortable Oberfläche auf dem PC zum Zugriff auf die Daten bereit, sodass man gar kein anderes PIM-Programm mehr braucht. Im Gegensatz zu den bekannten Standardanwendungen unterstützt der Oxygen Phone Manager auch kyrillische und arabische Schriften im Adressbuch, sodass sich internationale Gesprächspartner problemlos abspeichern lassen.

Der Oxygen Phone Manager läuft mit den meisten Symbian OS-Handys und in einer vereinfachten Version auch mit zahlreichen einfachen Handys von Nokia und anderen Herstellern.

8.3   Terminverwaltung mit dem Google Kalender

Immer mehr Anwender nutzen den kostenlosen Google Kalender als komfortablen Ersatz für eine lokale Terminverwaltung auf dem PC. Auf diesen Kalender kann man von jedem PC der Welt aus zugreifen. Zusätzlich kann man seine Termine auch auf einfache Weise veröffentlichen und an sein Mobiltelefon senden lassen.

Bevor ein Termin an Ihr Handy gesendet werden kann, müssen die *Kalendereinstellungen* modifiziert werden. Auf der Registerkarte *Benachrichtigungen* geben Sie Ihre Telefonnummer und den Mobilfunkanbieter ein. Bestätigen Sie die Eingaben mit Klick auf die Schaltfläche *Bestätigungscode senden*. Geben Sie den per SMS auf das Handy zugestellten Sicherheitscode ein und schließen Sie die Bearbeitung mit *Einrichtung fertig stellen* ab.

Kalendereinstellungen	

Allgemein Kalender Handy-Einrichtung

« Februar 2008 »						
M	D	M	D	F	S	S
21	22	23	24	25	26	27
28	29	30	31	1	2	3
4	5	6	7	8	9	10
11	12	13	14	15	16	17
18	19	20	21	22	23	24
25	26	27	28	29	1	2
3	4	5	6	7	8	9

Benachrichtigung an mein Handy senden:
Wählen Sie zuerst Ihr Land aus und geben Sie dann die Telefonnummer und den Anbieter ein. Geben Sie schließlich den an Ihr Handy gesendeten Sicherheitscode ein.

Status: ☹ Handy-Benachrichtigungen deaktiviert.
Geben Sie zum Aktivieren von Handy-Benachrichtigungen folgende Informationen an.

Land: Deutschland ▾

Telefonnummer: 007

Anbieter: Eine Liste der unterstützten Anbieter finden Sie in der
Welche Anbieter werden unterstützt? Hilfe. [Bestätigungscode senden]

Sicherheitscode: 836908
Geben Sie den an Ihr Handy gesendeten Sicherheitscode ein. [Einrichtung fertig stellen]

« Zurück zum Kalender [Speichern] [Abbrechen]

Bild 8.4 Handybenachrichtigung mit einem Sicherheitscode freischalten.

Jetzt können Sie festlegen, ob Sie vor jedem Termin erinnert werden möchten und ob Termineinladungen, die Sie von anderen Google Kalender-Nutzern bekommen, auf das Handy weitergeleitet werden sollen. Die Einladungen erscheinen als SMS im Klartext und sind sowohl für den Absender als auch für den Empfänger kostenlos.

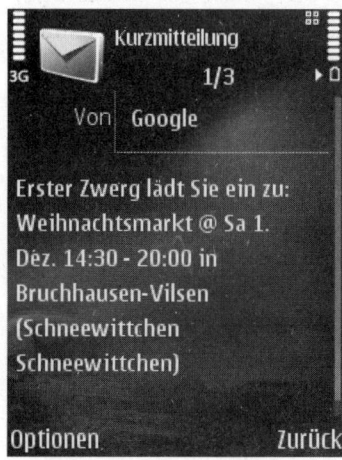

Bild 8.5 Benachrichtigungs-SMS aus dem Google Kalender.

2-Wege-Synchronisation für Symbian- und Java-Handys

Das Programm GCalSync ermöglicht den Datenabgleich zwischen Google Kalender und den meisten Java-fähigen Handys sowie Symbian OS-Smartphones. Dabei können neue Termine aus dem Google Kalender auf das Handy übertragen werden. Umgekehrt können auch die Termine aus dem Handykalender in den Google Kalender übernommen werden.

9 Foto, Musik und Film mobil

Fast jedes Handy hat heute eine Kamera, deren Auflösungen für Fotos in Bildschirmqualität absolut ausreichen. Aktuelle Multifunktionsgeräte wie das Nokia N95 oder das Nokia N82 bieten in einem Gerät volle PDA-Funktionalität und auch Kameras, deren Bilder man ruhig vorzeigen kann. Nokia vermarktet seine aktuellen Multimedia-Handys der N-Serie schon gar nicht mehr als Handy, sondern als Multimedia-Computer mit hochauflösenden eingebauten Kameras. Dass man damit auch telefonieren kann, ist schon fast nebensächlich.

Bild 9.1   Der Multimedia-Computer Nokia N93 mit Symbian OS Series 60 3rd Edition (Foto: Nokia).

9.1 Mobile Fotoalben mit Komfort

Es gibt immer einen Grund, aktuelle Fotos sofort präsentieren zu können. Wer sich die Schlepperei eines herkömmlichen Fotoalbums ersparen möchte, transportiert seine Bilder heute auf der Speicherkarte seines Handys. Die standardmäßig auf Handys vorinstallierten Bildbetrachter bieten nur simple Funktionen und können teilweise auch nur Fotos anzeigen, die mit der Handykamera aufgenommen wurden. Wesentlich mehr Komfort bieten externe Programme, die auf dem Handy installiert werden können.

Resco Photo Viewer für Nokia S60 3rd Edition

Resco Photo Viewer ist einer der beliebtesten und leistungsstärksten mobilen Bildbetrachter. Das Programm, das über eine äußerst komfortable innovative Benutzeroberfläche verfügt, liest JPEG und andere Bildformate, sodass man eine Speicherkarte aus einer Digitalkamera ohne spezielle Konvertierung direkt in das Handy stecken kann. Die Bilder lassen sich zoomen oder als Diashow zeigen.

Bild 9.2 Bildanzeige und Bilder umbenennen.

Zusätzlich zur einfachen Bildanzeige sind auch Korrekturfunktionen wie zum Beispiel Änderungen von Helligkeit, Kontrast und Farbsättigung enthalten. Dieses Programm ist für alle fünf großen mobilen Betriebssysteme verfügbar. Auf Nokia Symbian OS S60-Handys sind wegen des fehlenden Touchscreens die meisten Funktionen über Zifferntasten leicht aufrufbar. Den Resco Photo Viewer finden Sie bei *www.handybuch.tk* unter der Rubrik *Handysoftware*.

9.2 Fotos in Flickr veröffentlichen

Wer mit in der ersten Reihe sitzen will, veröffentlicht seine Fotos im Web. Viele der bekannten Fotocommunitys im Internet bieten mittlerweile mobile Versionen ihrer Seiten, um auch auf dem Handy die eigenen Bilder oder die von Freunden betrachten zu können.

Anmelden und Fotos in Flickr hochladen

· Die bekannteste Fotocommunity ist Flickr, die zu Yahoo! gehört. Flickr bietet eine mobile Version seiner Webseite unter *m.flickr.com* an, über die Bilder gesucht und betrachtet, aber auch vom Handy hochgeladen werden können. Um Flickr benutzen zu können, benötigen Sie eine kostenlose Yahoo!-ID.

Bild 9.3   Anmelden und Fotos in Flickr betrachten.

Noch einfacher funktioniert das Hochladen und Betrachten von Flickr-Fotos mit der Software Yahoo! Go. Fotos können mit der Handykamera aufgenommen und zu einem eigenen Flickr-Fotoalbum im Internet hinzugefügt werden. Entsprechende Einschränkungen, wer die eigenen Schnappschüsse sehen darf und wer nicht, können direkt auf dem Handy vorgenommen werden. Die Software kann für Symbian OS und einige einfache Java-Handys kostenlos bei *de.get.go.yahoo.com* heruntergeladen werden.

Bild 9.4   Flickr-Fotoalben in Yahoo! Go.

Flickr-Account auf einem Nokia-Handy einrichten

Einige Nokia-Handys der N-Serie haben bereits eine spezielle Software vorinstalliert, um Fotos in ein Flickr-Webalbum hochzuladen. Vor der ersten Nutzung muss ein Flickr-Account auf dem Handy eingerichtet werden. Gehen Sie dazu folgendermaßen vor:

1. Wählen Sie im Hauptmenü das Programm *Galerie* und dann die Option *Bilder & Videos*.

Bild 9.5 Das Programm *Galerie* öffnen.

2. Drücken Sie auf *Optionen* und wählen Sie *Online-Dienst öffnen*. Im folgenden Bildschirm wählen Sie die Option *Erstelle neues Flickr-Kto.*

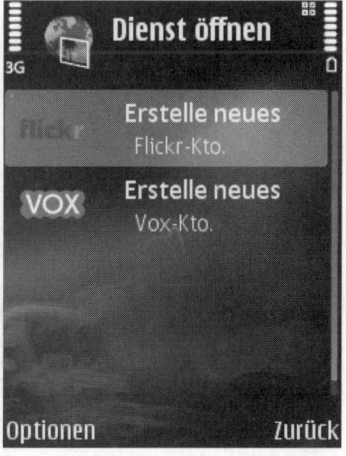

Bild 9.6 Ein neues Flickr-Konto erstellen.

3. Tragen Sie jetzt als Benutzernamen Ihre Yahoo!-E-Mail-Adresse ein, nicht nur die Yahoo!-ID. Im Feld *Kennwort* geben Sie ein spezielles Kennwort ein, das von Yahoo! automatisch generiert wird. Gehen Sie dazu mit einem Web-browser auf dem PC auf die Seite *www.flickr.com/nokia* und melden Sie sich dort mit Ihrer Yahoo!-ID an. Dort erhalten Sie dann das Passwort. Es ist nicht das gleiche wie das Yahoo!-Passwort. Weiter unten können Sie noch die Bildgröße zum Hochladen voreinstellen.

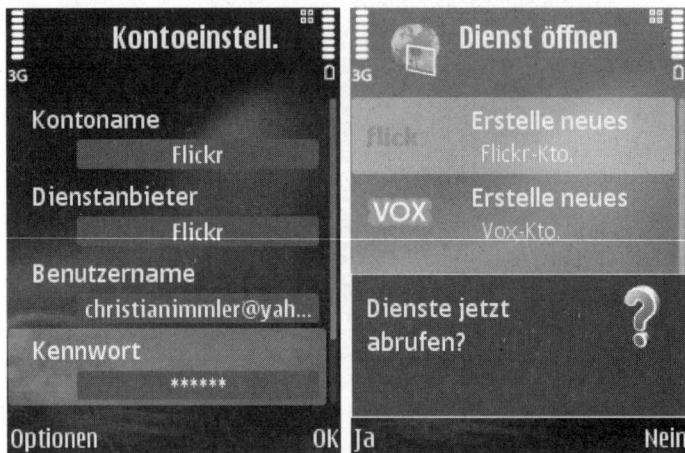

Bild 9.7 Kennwort eingeben.

4. Wählen Sie danach die Option *Dienste jetzt abrufen*. Nachdem das Konto ein-gerichtet ist, können Sie Bilder aus der Bildergalerie des Handys direkt auf Flickr hochladen. Dazu wählen Sie in den *Optionen* die Funktion *Senden* und anschließend *Internet-Upload*.

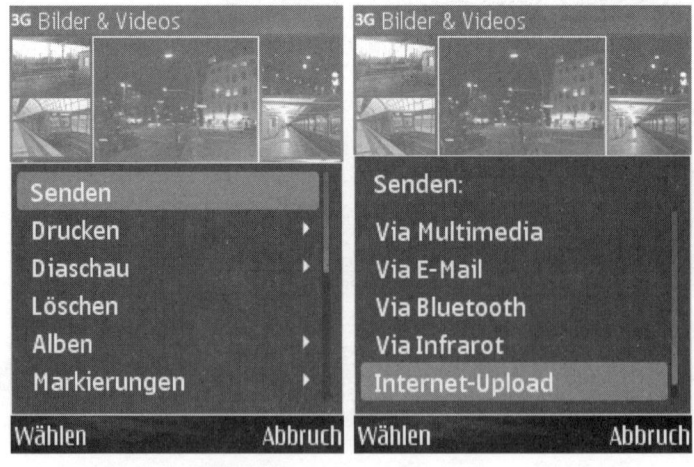

Bild 9.8 Bilder sen-den und hochladen.

5. Nun geben Sie noch einen Titel für die Bilder an. Mit dem Menüpunkt *Einfügen/Bild* können Sie weitere Bilder hinzufügen und dann alle auf einmal hochladen.

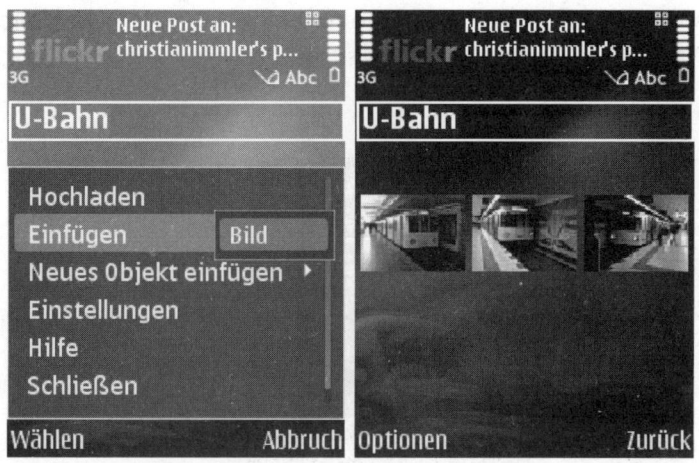

Bild 9.9   Weitere Bilder hinzufügen.

6. Nach dem Upload können Sie Ihre Bilder bei Flickr online im Browser des Handys betrachten.

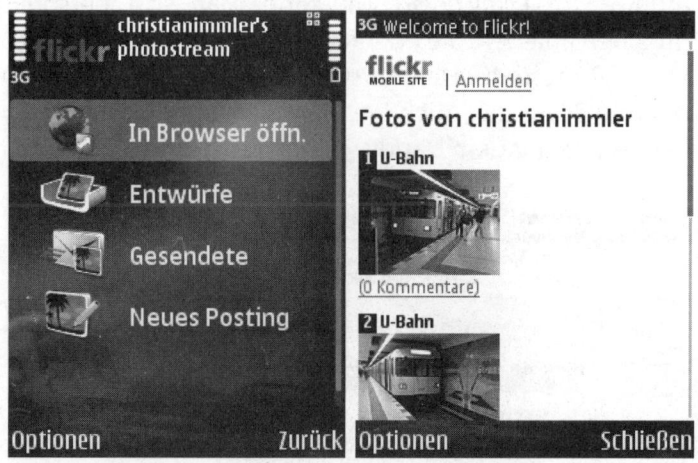

Bild 9.10   Bilder mit Flickr auf dem Handy betrachten.

9.3 Google Picasa und Opera Community

Auch die Webfotoalben von Google Picasa gibt es in mobiler Form. Unter *picasaweb.google.com* erscheint auf Handybrowsern eine für kleine Bildschirme optimierte Version der persönlichen Picasa-Bildergalerie. Derzeit bietet Picasa aber noch keine Funktion, eigene Bilder vom Handy in die Webalben hochzuladen.

Bild 9.11 Picasa-Fotoalben auf einem Handybrowser.

In der Opera Community unter *my.opera.com* kann man sich persönliche Weblogs und auch Fotoalben anlegen, die ebenfalls vom Handy genutzt werden können. Der mobile Opera-Browser für Handys stellt diese Community-Seiten in einer speziellen optimierten Form dar. Auch die Formulare zum Hochladen von Bildern können auf diese Weise auf dem Handy verwendet werden.

Bild 9.12 Opera Community im Opera-Browser auf dem Handy.

Weitwinkel- und Nahlinsen für Handykameras

Wer noch mehr aus seiner Handykamera herausholen möchte, als es Softwarelösungen bieten können, findet im englischen Onlineshop *www.wowstuff.co.uk* Weitwinkel- und Nahlinsen, die mit einem selbsthaftenden Gummiring vor der Kamera angebracht werden können. Nach Angaben des Lieferanten sollen sich diese Vorsatzlinsen beliebig anheften und wieder abnehmen lassen. Dazu sollen sie vor fast jede Handykamera passen. Es gibt auch Linsen, die sich mit einem Bügel an dem Handy befestigen lassen, um Schäden durch Klebstoffreste zu vermeiden.

Bild 9.13 Vorsatzlinse für Handykameras (Foto: *www.wowstuff.co.uk*).

9.4 Musik auf das Handy übertragen

Fast jedes Handy hat mittlerweile einen integrierten MP3-Player. Viele der Player können neben MP3 auch WMA, AAC und andere Audioformate abspielen. Für die großen Handybetriebssysteme gibt es zusätzlich ein großes Angebot externer und besserer Medienplayer zum Nachinstallieren. Je nach Handytyp gibt es verschiedene Methoden, die Musikdateien auf das Handy oder auf dessen Speicherkarte zu bekommen:

• per Nokia PC Suite übertragen

• per Infrarot oder Bluetooth übertragen

• per Kartenleser oder USB kopieren

Wenn das Handy eine Speicherkarte hat, sollten Sie Musik immer dort ablegen, um den kostbaren Hauptspeicher nicht mit großen Datenmengen zu belasten. Die meisten Medienplayer suchen Musik auf der Speicherkarte im Verzeichnis \MUSIC oder \AUDIO. Der Real Player verwendet das Verzeichnis \RN_AUDIO.

Musikdateien mit einem Kartenleser übertragen

Die meisten Computer sind ab Werk mit einem Kartenleser ausgestattet, der üblicherweise gleich mehrere Kartenformate lesen und beschreiben kann. Jedem Steckplatz im Kartenleser wird ein eigener Laufwerkbuchstabe auf dem PC zugewiesen. Für Computer ohne Kartenleser gibt es externe Geräte zum Anschluss an den USB-Port. Die folgende Tabelle gibt Ihnen einen Überblick über die gebräuchlichsten Kartenformate.

Bild 9.14 Kartenleser für verschiedene Speicherkartentypen (Foto: Conrad Electronic).

Kartenformat	Beschreibung
SD	(**S**ecure **D**igital Card): Das am weitesten verbreitete Format, es wird in fast allen modernen PDAs und Digitalkameras eingesetzt. SD-Karten sind zurzeit bis zu einer Größe von 2 GByte erhältlich. Sie verfügen seitlich über einen mechanischen Schreibschutzschieber, der ähnlich wie bei Disketten das Beschreiben und Löschen von Daten verhindert. Ganz aktuelle 4-GByte-SD-Karten benötigen zurzeit noch spezielle Kartenleser am PC und sind auch noch zu fast keinem Handy kompatibel.
MMC	(**M**ulti**M**edia **C**ard): Weitgehend baugleich mit den SD-Karten, jedoch nur etwa halb so dick, dafür ohne Schreibschutz. Dieser Kartentyp wird vor allem in kleineren oder älteren Handys eingesetzt. MMC-Karten passen in PDAs und Kartenlesern in denselben Steckplatz wie SD-Karten.

Kartenformat	Beschreibung
RS-MMC	(**R**educed **S**ize **MMC**): Elektrisch baugleich mit den MMC-Karten, aber nur halb so lang. Je nach mechanischer Art des Steckplatzes können RS-MMC-Karten in normalen MMC-Steckplätzen verwendet werden. Zur besseren Kompatibilität gibt es Adapter, die die Karte physikalisch verlängern.
Mini-SD	Die Karten sind nur etwa halb so groß wie normale SD-Karten, werden aber mit einem Adapter geliefert, sodass sie in Kartenlesern wie SD-Karten verwendet werden können. Mini-SD-Karten werden in vielen aktuellen Windows Mobile-Geräten eingesetzt.
microSD	Ähnlich wie Mini-SD, nur noch kleiner. Auch hier werden Adapter im normalen SD-Format verwendet. Vor der Standardisierung des microSD-Formats wurden diese Speicherkarten als TransFlash bezeichnet.
MemoryStick	Ein spezieller Kartentyp von Sony, der in PDAs, Notebooks und Kameras dieses Herstellers eingesetzt wird. Diese Bauform wurde weiterentwickelt zu MemoryStick Pro und Duo.
SmartMedia	Heute praktisch veraltetes Kartenformat für Digitalkameras. Die Karten sind sehr flach, aber fast doppelt so groß wie eine SD-Karte, werden aber mit höchstens 128 MByte Speicherkapazität angeboten.
CompactFlash	Relativ dicke und große Speicherkarten, sie werden in teuren Digitalkameras und in einigen PocketPCs verwendet und sind bis zu einer Kapazität von 8 GByte erhältlich. IBM liefert in der CompactFlash-Bauform auch winzige Festplatten.
xD	Neues, noch wenig verbreitetes Kartenformat für Digitalkameras.

Dateien können mit jedem Dateimanager unter Windows auf die Speicherkarte kopiert und von dort gelesen werden. Speicherkarten werden in Windows als Laufwerkbuchstaben angemeldet.

INFO!

Digitalkamera als Kartenleser einsetzen

Wenn Sie keinen Kartenleser haben, können Sie auch Ihre Digitalkamera dafür verwenden. Fast alle modernen Kameras werden per USB angeschlossen und verhalten sich wie ein Laufwerk, wenn eine Speicherkarte eingesteckt ist. Auf diesem Weg können beliebige Dateien, nicht nur Fotos, auf die Karte in der Kamera kopiert und wieder gelesen werden. Viele Handys lassen sich auch in einem Laufwerkmodus wie ein Kartenleser am PC verwenden.

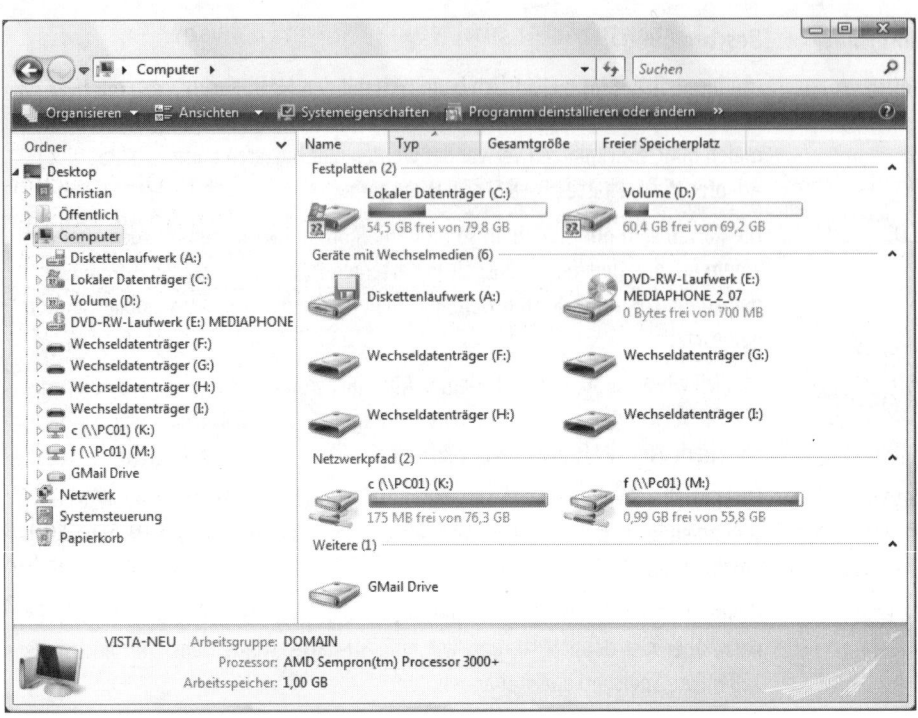

Bild 9.15   Kartenleser für vier Speicherkarten im Windows Explorer.

Musikdateien via USB-Kabel übertragen

Viele Handys haben heute einen USB-Anschluss, aber nur einige davon werden am PC als Laufwerk erkannt. In diesem Fall ist es einfach, Daten zu kopieren, man muss nur die passenden Verzeichnisse kennen. Auch hier heißen die Musikverzeichnisse meistens \AUDIO, \Music oder \RN_AUDIO für den Real Player. Im Arbeitsspeicher des Handys sind die entsprechenden Verzeichnisstrukturen üblicherweise fest angelegt. Die meisten Handys benötigen leider spezielle Software der Hersteller, um über die USB-Schnittstelle Daten zu kopieren.

> **INFO!**
>
> **Total Commander**
> Für einige mobile Gerätetypen bietet der Dateimanager Total Commander (*www.totalcommander.de*) spezielle Dateisystem-Plug-ins, um wie ein Laufwerk auf die Geräte zugreifen zu können. Hier ist auch ein Plug-in für das Dateisystem von Symbian OS Smartphones verfügbar.

Übertragungsmodi: Datentransfer und Nokia Phone Browser

Aktuelle Nokia-Handys bieten zwei Datenübertragungsmodi, *Datentransfer* und *Nokia Phone Browser*. Diese verhalten sich etwas unterschiedlich.

Im Modus *Datentransfer* arbeitet das Handy wie ein Kartenleser. Die Speicherkarte wird am PC als Laufwerk angemeldet und steht so in allen Anwendungen zur Verfügung, unter anderem auch in erweiterten Dateimanagern wie zum Beispiel Total Commander. Außerdem können Datensicherungsprogramme, Skripten und Batchdateien auf die Speicherkarte wie auf jedes andere Laufwerk zugreifen. Die Funktionen der PC Suite können in diesem Laufwerkmodus aber nicht genutzt werden.

Im Modus *Nokia Phone Browser* stehen alle Funktionen zur Verfügung, unter anderem das Übertragen von Fotos und Musik oder die Installation von Software. Hier werden das Handy und auch die Speicherkarte über ein spezielles Plug-in in den Windows Explorer eingebunden, sodass Daten kopiert werden können.

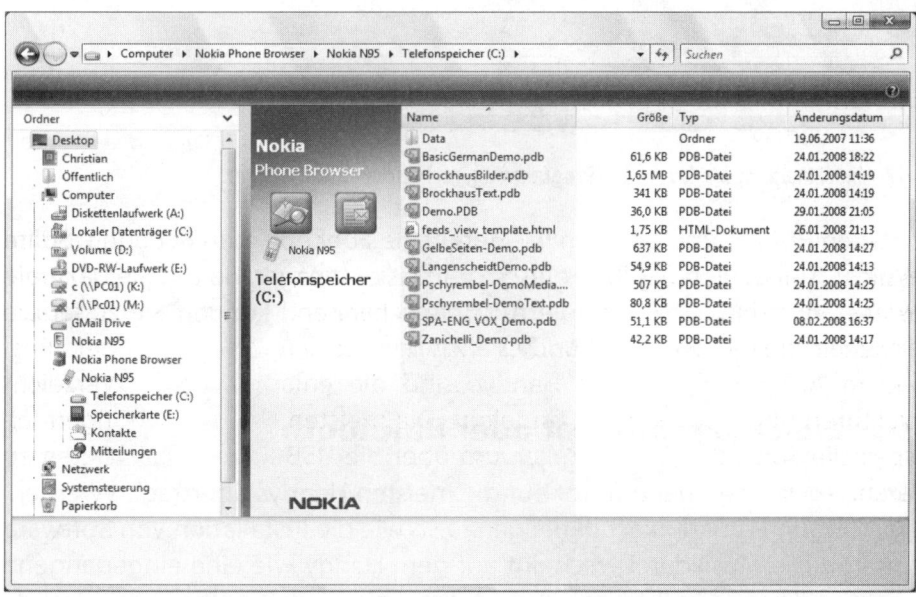

Bild 9.16   Ein Nokia N95-Handy in der Verzeichnisstruktur des Windows Explorers.

FOTO, MUSIK UND FILM MOBIL

NOKIA-HANDY-BUCH

Aktive Programme für Laufwerkmodus beenden

Solange ein Programm auf die Speicherkarte zugreift, ist keine Datenübertragung im Datentransfermodus möglich. Umgekehrt kann kein Handyprogramm die Speicherkarte nutzen, wenn eine Datenverbindung im Datentransfermodus mit dem PC besteht. Beenden Sie alle Programme, die auf die Speicherkarte zugreifen. Diese Programme sind im Hauptmenü mit einem kreisförmigen Symbol rechts oberhalb des Programmicons gekennzeichnet.

Bild 9.17   Links: Meldung bei laufenden Programmen, rechts: der Task-Manager.

Die meisten Programme besitzen im Menü eine Funktion zum Beenden. Sollte diese nicht funktionieren, gibt es noch den Task-Manager. Halten Sie dazu die Menütaste etwa eine Sekunde gedrückt. Anschließend können Sie zu jedem laufenden Programm wechseln und es auch beenden.

Musikdateien per Infrarot oder Bluetooth

Musikdateien können per Infrarot auf die meisten Handys übertragen werden. Die Übertragung funktioniert dabei genau so wie die Installation von Software per Infrarot. Die Musikdatei erscheint auf dem Handy wie eine eingegangene Nachricht und kann aus dieser Nachricht direkt abgespielt oder auf dem Handy gespeichert werden.

Die Übertragung von Musik per Bluetooth funktioniert vergleichbar mit der Übertragung beliebiger anderer Dateien. Je nach Handytyp erscheint die Musikdatei als eingehende Nachricht oder wird direkt in einem bestimmten Verzeichnis auf dem Gerät gespeichert.

Musik mit dem Windows Media Player synchronisieren

Als Alternative zur manuellen Datenübertragung bietet der Windows Media Player 11 eine Möglichkeit, dies automatisch zu erledigen. Für diese Synchronisation werden zahlreiche bekannte MP3-Player und Handys mit USB-Anschluss, darunter auch aktuelle Nokia-Handys, unterstützt.

Schließt man ein aktuelles Nokia-Handy per USB-Kabel an einen Windows-PC an, erscheint ein Menü zur Auswahl eines Verbindungstyps. Wählen Sie hier die Option *Media-Player*, um mit dem Windows Media Player zu synchronisieren.

Handys, die nicht Windows Media Player-kompatibel sind, können auch verwendet werden, wenn eine Speicherkarte eingebaut ist, von der die Musikdateien gelesen werden. Einige Handys lassen sich in einen speziellen Laufwerkmodus umschalten, in dem direkt aus Windows heraus über die USB-Verbindung auf die Speicherkarte zugegriffen werden kann wie auf ein lokales Laufwerk im PC.

Bild 9.18 Handy im Modus *Media-Player* mit dem PC verbinden.

Handys, die keinen Laufwerkmodus kennen, können auch verwendet werden, indem man die Speicherkarte herausnimmt und in einen am PC angeschlossenen Kartenleser steckt.

Bei Handys, bei denen die Speicherkarte unter dem Akku eingebaut ist, ist dieses Verfahren allerdings sehr umständlich. Hier muss jedes Mal das Gerät aus- und wieder neu eingeschaltet werden, wobei immer auch die PIN neu einzugeben ist. Manche Handys benötigen zur Kommunikation mit dem PC spezielle Gerätetreiber. Bei den meisten Geräten wird die notwendige Software automatisch installiert, wenn das Gerät zum ersten Mal mit dem Computer verbunden wird.

1. Beim ersten Anschließen eines Handy-Medienplayers bei laufendem Windows Media Player oder beim Einstecken einer Speicherkarte in den Kartenleser erscheint eine Nachfrage dazu, ob die Synchronisation in Zukunft automatisch erfolgen soll. Die Einstellungen lassen sich später jederzeit ändern. Sollte das angeschlossene Gerät bereits sehr voll mit Daten sein, wird eine Abfrage angezeigt, die sich erkundigt, ob diese Daten auf dem Gerät belassen oder vor der Synchronisation entfernt werden sollen.

2. Jedes Gerät braucht einen Namen, unter dem der Windows Media Player es jedes Mal findet, wenn es erneut angeschlossen wird. Windows gibt einen Namen automatisch vor, der aber jederzeit geändert werden kann.

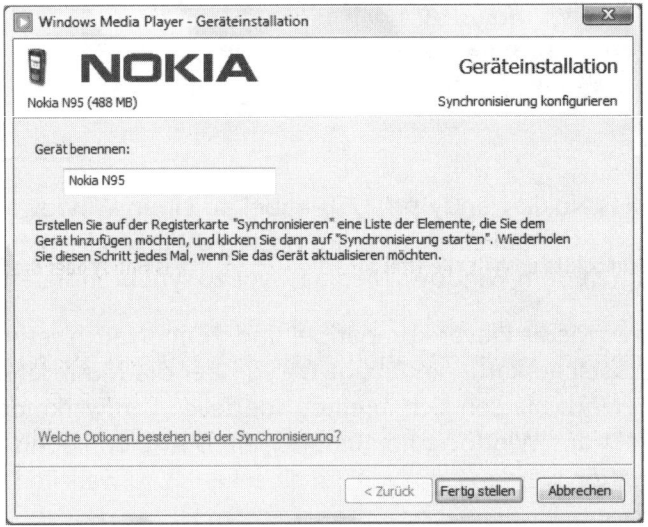

Bild 9.19 Vor der ersten Synchronisation muss ein Gerätename vergeben werden.

3. Der Windows Media Player verwendet spezielle Synchronisierungslisten, die automatisch mit dem mobilen Gerät abgeglichen werden. Schalten Sie jetzt den Windows Media Player mit den Schaltflächen in der oberen Symbolleiste in den Modus *Synchronisieren*. Im Synchronisationsfenster können Sie eine Synchronisierungsliste aus den gewünschten Titeln zusammenstellen, indem Sie die Titel einfach mit der Maus in den rechten Teil des Fensters unterhalb der Geräteabbildung ziehen.

Bild 9.20 Die Synchronisierungsliste enthält alle Titel zur Übertragung auf das Handy oder die Speicherkarte.

4. Nachdem Sie alle Titel zur Synchronisation ausgewählt haben, starten Sie die Übertragung mit der Schaltfläche *Synchronisierung starten*. Je nach Gerätetyp, Verbindungsart, Datenmenge und Dateiformat kann dies einige Zeit dauern.

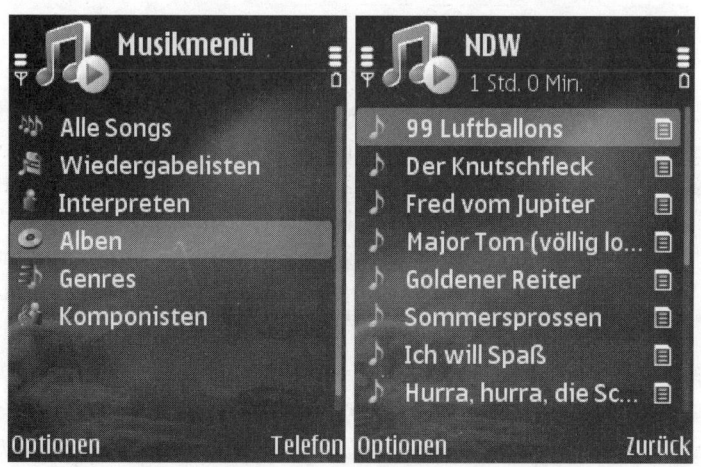

Bild 9.21 Die Musikgalerie auf dem Handy übernimmt automatisch die Alben, Genres, Titelinformationen und auch die Playlisten aus dem Windows Media Player.

5. Neben der beschriebenen manuellen Synchronisierung über eine Synchro-nisierungsliste bietet der Windows Media Player auch eine automatische Synchronisierung an. Im Modus *Automatisch synchronisieren* wählt man nur aus, welche der vorhandenen Wiedergabelisten synchronisiert werden sol-len.

6. Das kleine Dreieck unterhalb der *Synchronisieren*-Schaltfläche in der Sym-bolleiste des Windows Media Players blendet ein Menü ein, in dem alle dem System bekannten mobilen Medienabspielgeräte aufgelistet sind. Hier kön-nen Sie im Untermenü des jeweiligen Geräts über den Menüpunkt *Synchro-nisierung einrichten* auf die automatische Synchronisierung umschalten und Wiedergabelisten auswählen. Diese Methode hat den großen Vorteil, dass man sich nicht mehr selbst darum kümmern muss, welche Titel auf dem Handy sind. Besonders beliebte, häufig abgespielte Titel, gut bewertete oder aktuelle werden automatisch auf das Gerät übertragen – weniger inter-essante dann auch wieder entfernt.

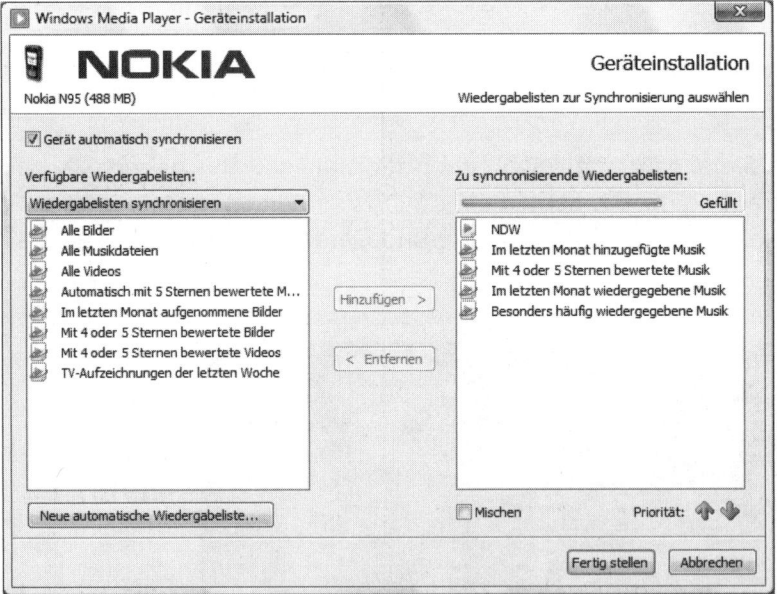

Bild 9.22   Die automatische Synchronisierung bringt immer alle beliebten Titel auf das Handy.

7. Je mehr Musik auf dem PC gespeichert ist, desto mehr Titel stimmen mit den Kriterien der automatisch angelegten Synchronisierungslisten überein. Jedes Mal, wenn das Gerät später wieder angeschlossen wird und der Win-dows Media Player im Modus *Synchronisieren* läuft, werden die Wiedergabe-listen verglichen. Neue Musiktitel in einer der markierten Wiedergabelisten

werden automatisch übertragen. Dabei arbeitet der Media Player die einzelnen Listen von oben nach unten ab. Sollte der Speicherplatz auf dem Handy nicht ausreichen, werden die Titel der Listen mit geringerer Priorität nicht übertragen. Die Priorität der Listen lässt sich jederzeit mit den Pfeilsymbolen im Dialogfeld *Geräteinstallation* ändern.

8. Über den Menüpunkt *Erweiterte Optionen* im Untermenü des Geräts im Menü *Synchronisieren* lässt sich unter anderem festlegen, ob die Synchronisierung beim Anschließen des Geräts automatisch starten soll. Hier stellen Sie auch ein, wie viel Speicherplatz für die Verwendung durch andere Programme auf dem Gerät frei bleiben muss. Dies ist besonders bei Smartphones wichtig, bei denen auch andere Anwendungen die Speicherkarte nutzen. Diese Auswahl ist nur bei Verwendung der automatischen Synchronisierung verfügbar.

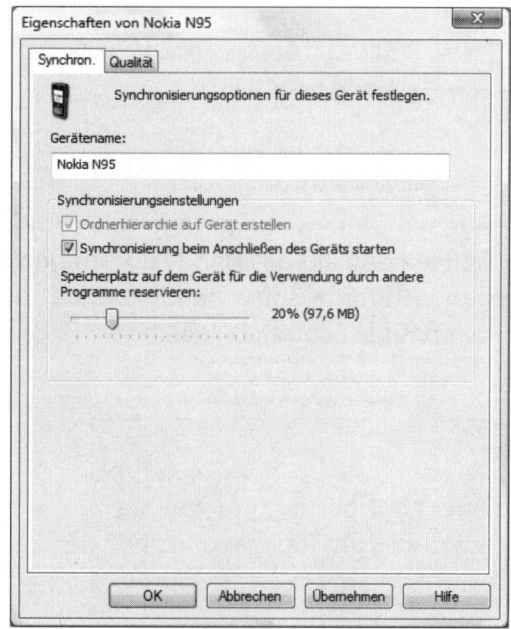

Bild 9.23   Speicherplatz für andere Programme reservieren.

9. Auf der Registerkarte *Qualität* können Sie einstellen, ob die Musik beim Übertragen weiter komprimiert werden soll. Bei höherer Komprimierung gibt es Qualitätsverluste, die allerdings auf den meisten Handys ohnehin nicht zu hören sind, sodass man sie gern in Kauf nimmt, um mehr Titel auf dem Gerät speichern zu können.

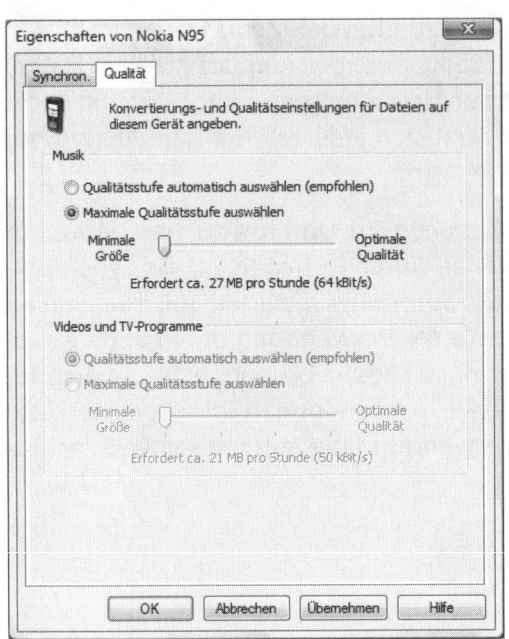

Bild 9.24 Geringere Qualitätsstufen sparen Speicherplatz.

Nokia Music Manager

Nokia liefert in der PC Suite einen eigenen Musikmanager mit, mit dem sich Musikdateien auf dem PC suchen, abspielen und auf das Handy übertragen lassen. Diese speziell auf Nokia-Handys abgestimmte Software funktioniert auch mit Geräten, die keine Media Player-kompatible Schnittstelle haben.

> **INFO!**
>
> **Übertragungsmodus PC Suite**
>
> Wenn Sie den Nokia Music Manager zur Übertragung von Musik auf ein Handy verwenden, muss dieses im Übertragungsmodus *PC Suite* angeschlossen sein, nicht im Modus *Media-Player*.

Hier haben Sie auch jederzeit einen Überblick über die auf dem Handy vorhandene Musik und können, wenn die Speicherkarte voll ist, ganz einfach vom PC aus Titel löschen.

Nokia entwickelt für Handys ein eigenes, speziell optimiertes Musikformat eAAC+, das eine besonders hohe Komprimierung bei hoher Klangqualität auch unter Verwendung niedriger Bitraten verspricht. Durch eine als Parametric Stereo bezeichnete Technik lassen sich besonders Stereosignale gut komprimieren.

Bild 9.25   Der Nokia Music Manager in Aktion.

Der Nokia Music Manager kann bei der Übertragung aufs Handy die Musik automatisch in dieses Format konvertieren, wenn das angeschlossene Handy es unterstützt. Andernfalls wird das AAC-Format (**A**dvanced **A**udio **C**oding), eine Weiterentwicklung des MP3-Formats, verwendet. Natürlich können fast alle aktuellen Geräte Musik auch in den gängigen Standardformaten MP3 und WMA abspielen.

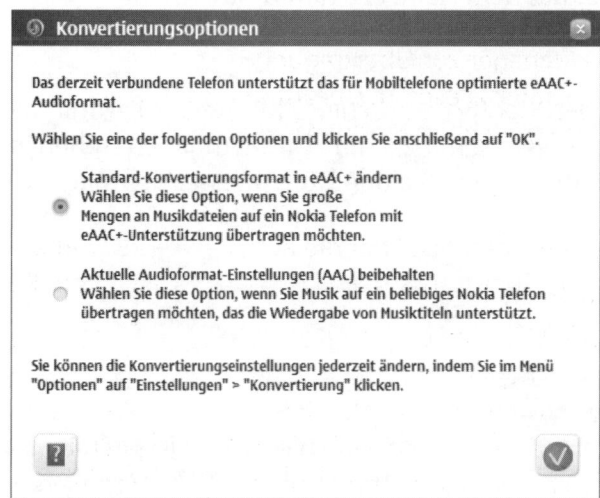

Bild 9.26   Auswahl des Konvertierungsformats im Nokia Music Manager.

Nach der Übertragung von Musik auf das Handy muss dort das Musikarchiv aktualisiert werden, damit die neuen Titel in den Listen auftauchen. Wählen Sie dazu im Hauptmenü des Medienplayers *Optionen/Musikarchiv aktualisieren*.

Bild 9.27 Musikarchiv auf dem Handy aktua- lisieren, um Alben, Genres und Titelinfor- mationen der neu übertragenen Titel zu übernehmen.

9.5 Mit dem Handy an die Hi-Fi-Anlage

Nur wenige Hi-Fi-Anlagen haben USB-Anschlüsse, an denen man ein Handy direkt anschließen kann. Trotzdem brauchen Sie zu Hause nicht auf Ihre auf dem Handy gespeicherte Musik zu verzichten. Mit einem geeigneten Kabel lässt sich fast jedes Handy an den Line-In-Eingang einer Hi-Fi-Anlage anschlie- ßen. Auf diesem Weg können Sie Ihre MP3-Musik mit dem vollen Sound Ihrer Hi-Fi-Anlage hören. Die tatsächlich in der MP3-Datei gespeicherte Musikquali- tät ist deutlich höher als das, was auf dem Handy zu hören ist.

Verschiedene Steckertypen

Einige Handys verwenden für den Kopfhöreranschluss Klinkenstecker mit 3,5 mm Durchmesser, andere Handys welche mit 2,5 mm. Diese Angaben stehen in der Gerätebeschreibung. Alternativ messen Sie den Durchmesser des mitgelie- ferten Kopfhörers einfach aus.

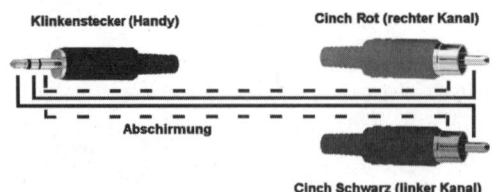

Bild 9.28 Anschlussschema für ein Audio- kabel zwischen Handy und Hi-Fi-Anlage.

Nokia S60-Handys als Fernbedienung nutzen

In heutigen Wohnzimmern liegen zahlreiche Fernbedienungen für Stereoanlagen, Fernseher, DVD-Player und andere Geräte herum. Mit der richtigen Software lassen sich aber auch moderne Handys als Fernbedienung nutzen. Die notwendige Infrarotschnittstelle ist in den meisten aktuellen Geräten eingebaut. Ein Vorteil dieser Lösung ist, dass man die Fernbedienung persönlich anpassen kann und sie auch immer griffbereit hat. Eine einzige Fernbedienung kann dann mehrere Geräte steuern.

Zum »Training« muss die Software einmal mit den Codes der Originalfernbedienung programmiert werden. Dazu braucht man nur einen Lernmodus einzuschalten und die entsprechenden Signale durch Drücken der Tasten auf der alten Fernbedienung an das Handy zu senden.

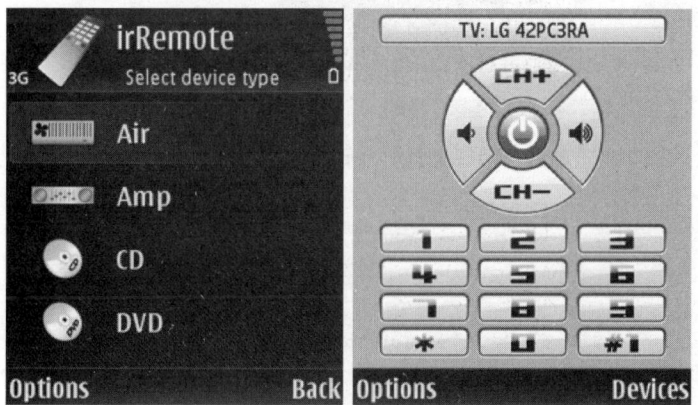

Bild 9.29   irRemote nutzt ein Handy als Fernbedienung für TV, DVD-Player und Stereoanlagen.

Die Software irRemote enthält bereits eine Liste zahlreicher Infrarotcodes für Fernseher, Videorekorder, CD- und DVD-Player. Weitere Geräte können im Trainingsmodus hinzugefügt werden.

9.6   Das Handy als mobiles Kino

Die Displays aktueller Handys werden immer größer, Bild- und Tonqualitäten immer besser – warum sollte man sie nicht auch für andere Funktionen nutzen als nur zum Telefonieren? Unterwegs oder während langweiliger Wartezeiten kann man das Handy hervorragend als mobiles Kino verwenden. Mit spezieller Software lassen sich komplette DVDs oder per TV-Karte aufgezeichnete Filme so konvertieren, dass sie auf den kleinen Handybildschirmen abgespielt werden können. Durch die Reduzierung der Auflösung und durch das Verwenden speziell optimierter Komprimierungscodes werden die Dateien so klein, dass acht Stunden Film auf eine 1-GByte-Speicherkarte passen.

Bei einigen Konvertern braucht man nur den Handytyp auszuwählen, bei anderen gibt man die Bildschirmauflösung des Handys und noch die Bildrate an. Bei QVGA-Displays sind 25 fps (**F**rames **p**ro **S**ekunde) zu empfehlen.

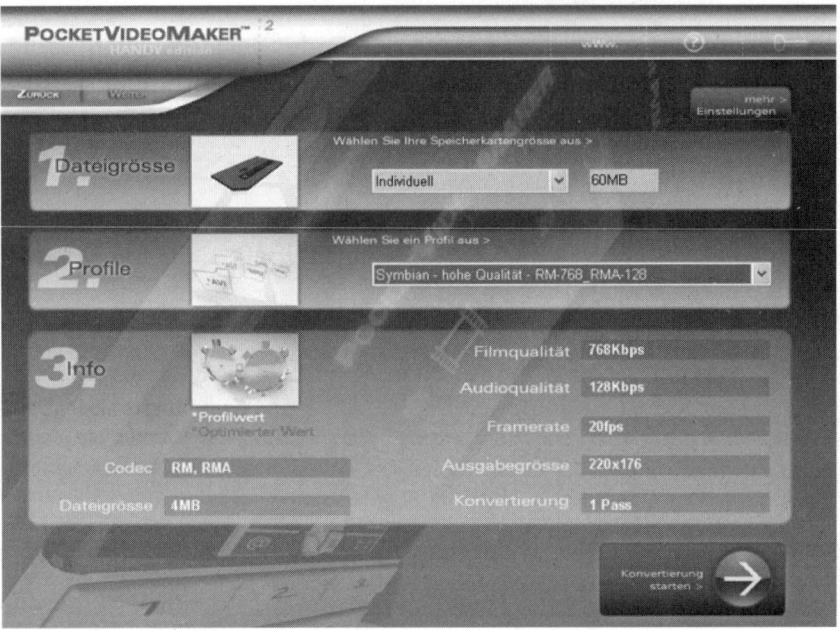

Bild 9.30 PocketVideoMaker konvertiert Filme zur Darstellung auf dem Handy.

Die bekanntesten Programme zur Konvertierung sind SmartMovie, Media Studio und PocketVideoMaker. Auf einfachen Handys müssen die vorinstallierten Media Player verwendet werden, für Symbian OS, Windows Mobile und Palm OS gibt es mittlerweile eine umfangreiche Auswahl verbesserter Media Player, die fortschrittliche Komprimierungsverfahren wie DivX oder XviD unterstützen. Damit behalten die Filme trotz geringer Dateigröße eine deutlich bessere Videoqualität als mit den Standardverfahren.

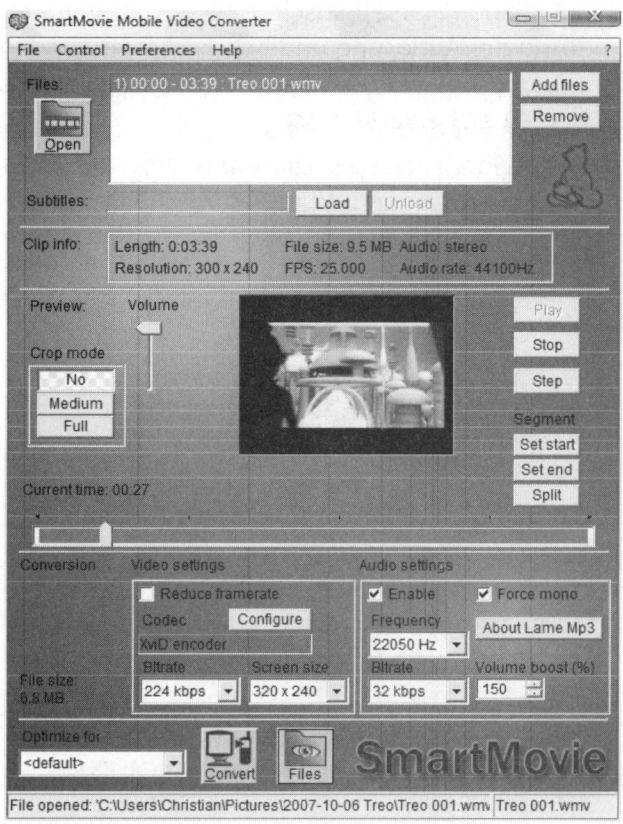

Bild 9.31 SmartMovie konvertiert Filme für verschiedene mobile Plattformen und bietet detaillierte Einstellungen zur Konvertierung.

Bei der Konvertierung müssen Sie auf die exakte Bildschirmgröße Ihres Handys achten. Im Anschluss an die Konvertierung, die je nach Filmlänge einige Zeit dauern kann, übertragen Sie die fertig konvertierte Datei auf die Speicherkarte des Handys und spielen sie dort mit einem Media Player ab.

Bild 9.32 Konvertierter Film auf dem Handy.

Einen neuen Weg bei der Filmkonvertierung beschreitet die Software Mobiola Video Studio. Das Programm erkennt auf dem PC das angeschlossene Handy und optimiert die Filme ohne jegliche Einstellung direkt für das jeweilige Gerät. Neben den bekannten Videoformaten auf dem PC unterstützt die Software als erster Filmkonverter auch YouTube-Videos, die per Drag and Drop aus dem Browser direkt in das Programmfenster gezogen und automatisch konvertiert werden können.

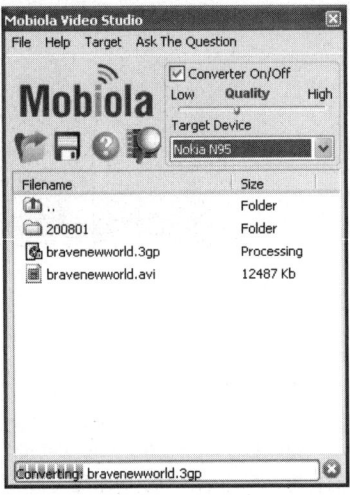

Bild 9.33 Mobiola Video Studio konvertiert DVDs, Video-dateien und YouTube-Videos vollautomatisch für Handys.

10 Ortung und Navigation

Das GSM-Netzwerk besteht aus mehreren Tausend Funkzellen, die alle ihre eigene Kennung senden. Dem Netzbetreiber ist jederzeit bekannt, welches Handy sich in welcher Funkzelle aufhält, umgekehrt aber weiß das Handy auch die Funkzellennummer.

10.1 Cell-IDs auf dem Handy anzeigen

Die Netzbetreiber veröffentlichen keine Informationen darüber, welche Funkzellennummer, auch als Cell-ID bezeichnet, zu welchem Sender gehört. Allein aus der Cell-ID kann man also nicht die eigene Position ermitteln.

Verschiedene Programme bieten die Möglichkeit, Cell-IDs auf dem Handy anzuzeigen. Dazu kann man dann selbst Informationen angeben. Einige private Webseiten haben es sich zur Aufgabe gemacht, solche Zelleninformationen zu sammeln und zu veröffentlichen: *www.senderliste.de*, *www.nobbi.com*, *www.handy-world.com*.

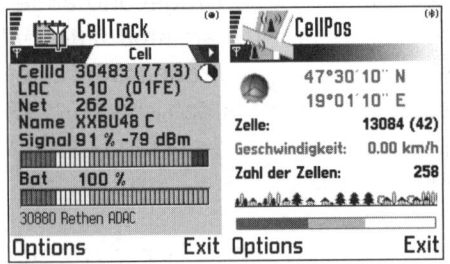

Bild 10.1 Anzeige von Zelleninformationen mit spezieller Software auf dem Handy.

Das Programm CellPos ermöglicht es, zusammen mit einem GPS-Empfänger die genaue Position von Funkzellen zu erfassen und in Protokolldateien zu speichern.

Noch weiter geht die Software Photo Tagger. Hier werden Fotos, die mit der Handykamera aufgenommen wurden, automatisch mit den Daten der aktuellen Funkzelle versehen. Diese Information wird in die EXIF-Daten der JPEG-Datei geschrieben und kann von Onlinefotogalerien wie Picasa oder Flickr ausgewertet werden, sodass den Bildern automatisch ein Aufnahmeort zugeordnet werden kann.

Verschiedene Dienste, beispielsweise *www.mister-vista.de*, bieten die Ortung von Handys über die GSM-Zellen im Internet an. Diese Anbieter erhalten die Daten darüber, wo sich welches Handy befindet, von den Netzbetreibern. Dazu ist aus datenschutzrechtlichen Gründen in Deutschland eine einmalige Zustimmung per SMS erforderlich.

Anhand der GSM-Zelle, in der sich ein Handy aufhält, ist es mit einer Genauigkeit von etwa 50 Metern bis zu 1 Kilometer aufzufinden. In Großstädten, in denen die Dichte der Zellen deutlich größer ist, ist die Ortung genauer als auf dem Land.

10.2 Aktuelle GSM-Zelleninformationen je nach Standort

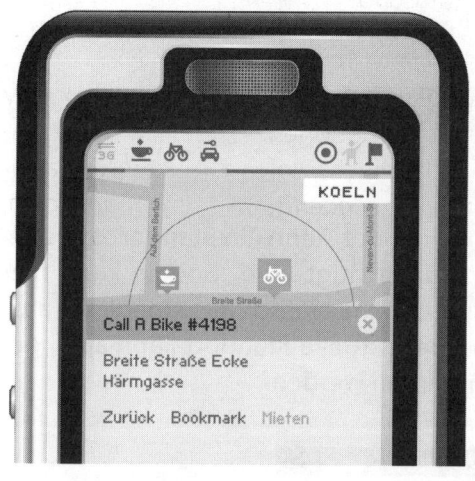

Bild 0.1 Der lokale Informationsdienst Qiro.

Regionale Suchmaschinen können die GSM-Zelleninformationen auslesen und Benutzern aktuelle Informationen je nach Standort anzeigen. Qiro (*www.wyqiro.de*) ist ein neues, lokales Informationssystem für das Handy. Benutzer bekommen auf dem Handybildschirm einen kleinen Kartenausschnitt ihrer Umgebung angezeigt, auf dem Zusatzinformationen wie Restaurants, Straßenbahnhaltestellen, Geldautomaten, WLAN-Hotspots oder die Standorte der Callbikes der Deutschen Bahn eingeblendet werden. Die gewünschten Informationskategorien lassen sich aus einer Liste frei wählen.

Alle Daten werden vom Server heruntergeladen, sodass auf dem Handy nur eine kleine Anwendung für Java notwendig ist. Es ist kein GPS-Empfänger und keine Speicherkarte nötig, das System soll so auch einfache Handys unterstützen.

Klassische Suchergebnisse kombiniert mit regionalen Daten

Google kombiniert auf seiner neuen mobilen Suchmaschine die klassischen Suchergebnisse von Google mit regionalen Daten.

Bild 10.2 Die neue Google-Suche auf dem Handy.

Wenn man sich mit einem Google-Konto anmeldet, kann ein Standort angegeben werden, der dann bei der Suche berücksichtigt wird. Google kann hier mehrere Standorte speichern, die man später ganz einfach aus einer Liste auswählt, ohne sie neu eingeben zu müssen. Der aktuelle Standort kann auch per GPS-Empfänger und Google Maps übernommen werden.

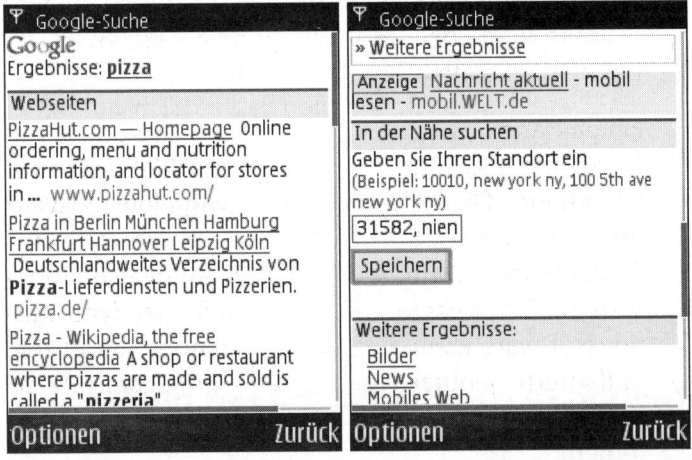

Bild 10.3 Normale ungefilterte Suchergebnisse und Standorteingabe am Ende.

Ist ein Standort gespeichert, erscheinen an erster Stelle regionale Suchergebnisse, dazu auch Telefonnummern und eine Google Maps-Kartenübersicht mit den Suchergebnissen. Weiter unten in der Liste folgen die normalen ungefilterten Suchergebnisse von Google.

Bild 10.4 Die regionalen Suchergebnisse.

10.3 Navigationslösungen auf GPS-Basis

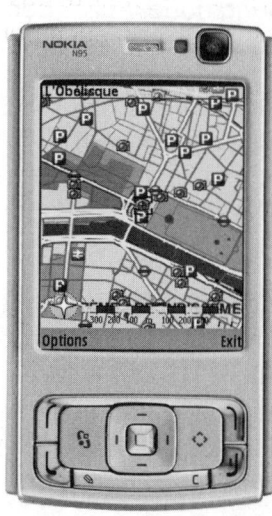

Bild 10.5 Nokia-Navigations-
software auf dem N95 (Foto:
Nokia).

GPS-Navigation für Autofahrer war lange sehr teuer und nur mit eingebauten GPS-Geräten möglich. In den letzten Jahren kamen diverse preisgünstige portable GPS-Lösungen auf den Markt, die nicht fest eingebaut werden müssen. Der neueste Trend ist Navigationssoftware auf dem Handy.

Einige Handys, wie zum Beispiel Nokia N95 oder 6110 Navigator, haben dazu bereits einen GPS-Empfänger eingebaut. Die mitgelieferte Navigationssoftware funktioniert mit Sprachausgabe, teilweise auch mit Spracheingabe, wie ein klassisches Autonavigationssystem. Ein weiterer großer Vorteil: Handynavigationssoftware kann auch von Fußgängern und Fahrradfahrern genutzt werden, ganz im Gegensatz zu den in den Fahrzeugen eingebauten Navigationssystemen.

Die Nokia-Software unterstützt den internen GPS-Empfänger der Geräte, der von vielen externen Softwarelösungen noch nicht unterstützt wird.

Die meisten neuen GPS-Empfänger lassen sich per Bluetooth mit fast jedem Handy verbinden.

Bild 10.6 NaviLock-Bluetooth-GPS-Empfänger (Foto: www.smartsam.de).

Bei Navigationssoftware unterscheidet man zwischen Onboard- und Offboard-Lösungen.

Onboard-Navigationssysteme haben das Datenmaterial auf der Speicher-karte. Hier sind große Speicherkarten, ausreichend Arbeitsspeicher sowie Rechenleistung im Handy gefragt, da das Gerät die Route selbst errechnet. Zur Berechnung der Route ist keinerlei Onlineverbindung nötig. Außer dem Kauf der Software entstehen keine Kosten.

Offboard-Navigationssysteme laufen auch mit einfachen Handys. Hier über-mittelt das Handy nur die aktuelle Position, die es von einem Bluetooth-GPS-Empfänger bekommt, sowie das gewünschte Ziel an einen Server, der dann die gewünschte Route berechnet. Die Routingdaten werden an das Handy zurückgeschickt.

Die bekannteste Offboard-Lösung für Deutschland ist Navigate von T-Mobile (*www.t-mobile.de/navigate*). Die zur Dateneingabe und Anzeige der Route not-wendige Software ist für Symbian OS S60 und einige einfache Handys lieferbar. Wie bei einer Onboard-Lösung gibt es auch hier Sprachausgabe und Pfeildar-stellung auf dem Handybildschirm während der Fahrt. Die Kosten werden pro Route oder als pauschale Flatrate für beliebig viele Fahrten abgerechnet.

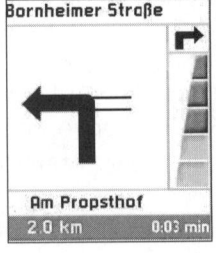

Bild 10.7 Offboard-Navigation mit Navigate auf dem Handy.

Google Maps-Stadtpläne und -Satellitenbilder

Google Maps zeigt auf dem PC Stadtpläne und Satellitenbilder. Die meisten der Funktionen wurden auch für Handys umgesetzt. So hat man unterwegs immer einen wenn auch groben Stadtplan zur Hand. Auf dem Satellitenbild kann man sich die Umgebung genau ansehen, die Zoomstufen reichen von einem groben Überblick über ganze Städte bis zur Darstellung eines einzelnen Straßenzugs, auf dem dann Häuser und weitere Details erkennbar sind.

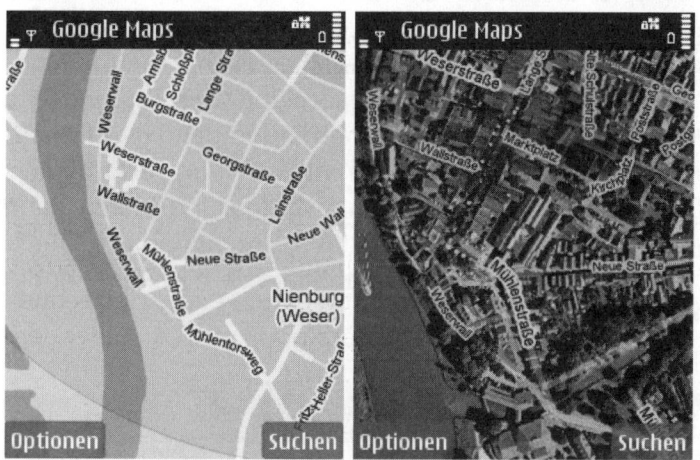

Bild 10.8 Google Maps zeigt Straßenkarten und Satellitenbilder auf dem Handy.

Mit einem GPS-Empfänger lässt sich sogar die genaue eigene Position lokalisieren, so hat man immer eine Karte der eigenen Umgebung dabei.

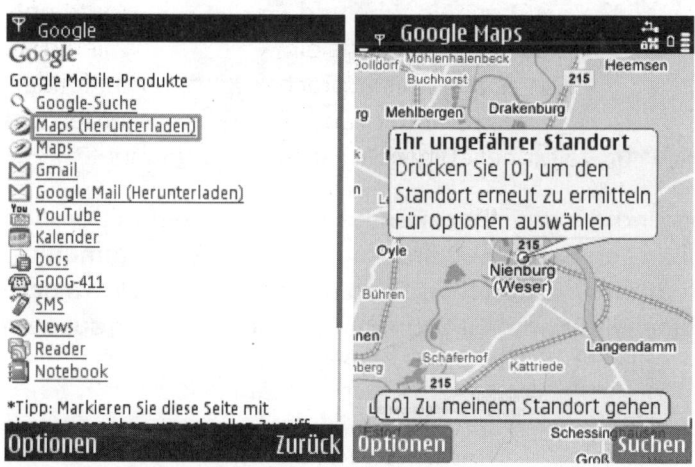

Bild 10.9 Google Maps erkennt auf dem Handy nach der Installation
die ungefähre Position anhand von GSM-Zelldaten.

Laden Sie das Programm am besten direkt von der mobilen Google-Webseite *m.google.de* über den Link *Weitere Google-Anwendungen* auf Ihr Handy herunter. Google erkennt automatisch die passende Version für den jeweiligen Handytyp und setzt die Startposition des Kartenausschnitts auf die anhand der GSM-Zelle geortete Position des Handys.

Handystadtpläne für nahezu alle Systemplattformen

Navigationssysteme mögen für Autofahrer ausreichen, für Fußgänger sind sie viel zu ungenau und bieten eindeutig zu wenig interessante Details. Hier greift man lieber zum klassischen Stadtplan, der auch Bushaltestellen, U-Bahn-Stationen und öffentliche Gebäude anzeigt. Die Stadtpläne der Internetseite *www.stadtplandienst.de* sind auch als Offlinelösung für alle gängigen Handyplattformen lieferbar. Hier ist unterwegs keine Internetverbindung erforderlich. Die Pläne können auf der Speicherkarte installiert werden und bieten dann eine adressgenaue Suchmöglichkeit sowie komfortable Zoom- und Scrollfunktionen, um den jeweils interessanten Bereich der Stadt auf dem kleinen Handybildschirm darzustellen.

Bild 10.10 Stadtpläne auf dem Handy.

Besonders ansprechend sind die detailgenauen Pläne auf Geräten mit großen Bildschirmen, wie die aktuellen Geräte S60 3rd Edition und Nokia Communicator. Die Stadtpläne von über 400 deutschen Städten werden zum Download-Kauf angeboten. Über einen Bluetooth-GPS-Empfänger kann man sich auf dem Handystadtplan jederzeit die aktuelle Position anzeigen lassen.

Handyfotos mit genauen Geokoordinaten

Die Software GeoCam versieht Fotos der Handykamera mit zusätzlichen Informationen. Bei den meisten Fotos ist es nützlich zu wissen, wann und wo sie aufgenommen wurden. GeoCam liest dazu die GSM-Zelleninformationen aus und ermittelt daran das entsprechende Land und den Ort. Zusammen mit einem GPS-Empfänger, der per Bluetooth mit dem Handy verbunden ist, können auch genaue Geokoordinaten in das Bild eingeblendet werden.

Bild 10.11   Geokoordinaten im Handyfoto.

11 Handytickets für Bus, Bahn und Flugzeug

Seitdem fast jeder Mensch eigentlich immer ein Handy bei sich trägt, gibt es auch immer mehr mobile Anwendungen, die mit dem eigentlichen Telefonieren nichts mehr zu tun haben. Moderne Handys sind leistungsfähige Kleincomputer, die auch für andere Zwecke genutzt werden können.

11.1 Handytickets der Deutschen Bahn

Eine besonders nützliche Anwendung für Handys ist der elektronische Fahrschein. Leider gibt es bis jetzt hierfür kein einheitliches System. Seit die Deutsche Bahn als größtes deutsches Verkehrsunternehmen den Handyfahrschein eingeführt hat, werden sich bestimmt auch andere, regionale Anbieter für ein ähnliches System entscheiden.

Bevor man einen elektronischen Fahrschein auf dem Handy kaufen kann, muss man sich einmal auf der Webseite der Bahn unter *www.bahn.de/handy-ticket* anmelden. Dazu kann das gleiche Kundenkonto wie zur Bestellung von Onlinetickets verwendet werden. Registrierte Benutzer bekommen zusätzlich nur eine Mobil-PIN zum Bestellen der Fahrkarten mit dem Handy.

Bis zehn Minuten vor Abfahrt kann unterwegs vom Handy eine Buchung vorgenommen werden. Die virtuelle Fahrkarte wird per MMS direkt zugestellt und kann vom Handybildschirm mit den Lesegeräten der Zugbegleiter kontrolliert werden. In der Anfangsphase können bisher nur Fahrkarten zum Normalpreis und mit BahnCard-Ermäßigung per Handy gekauft werden. Spezielle Sonderangebote sind weiterhin ausschließlich auf konventionellem Weg buchbar.

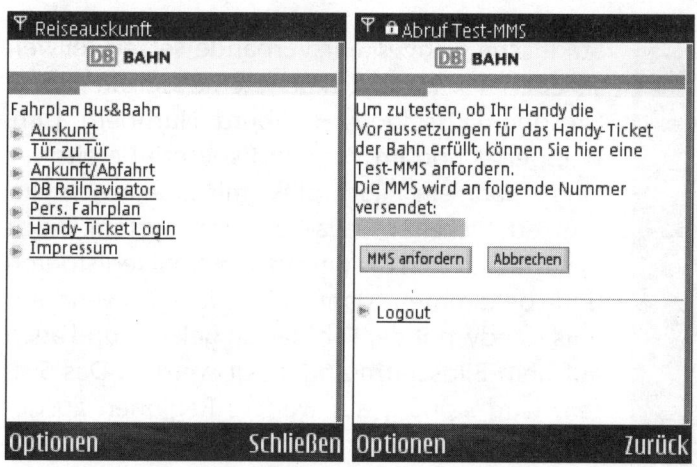

Bild 11.1 Das mobile Portal der Bahn.

Auf dem Handy sind eine aktive GPRS-Verbindung sowie ein Webbrowser nötig, in dem man auf der Seite *mobile.bahn.de* die Fahrkarten bestellen kann. Die Abrechnung erfolgt per Kreditkarte oder Lastschrift nach demselben System wie bei den herkömmlichen Onlinetickets zum Selbstausdrucken.

Vor der ersten Bestellung sollte man sich über das Kundenportal der Bahn im Internet eine kostenlose Test-MMS schicken lassen, um zu überprüfen, ob das digitale Ticket auf dem eigenen Handy darstellbar ist.

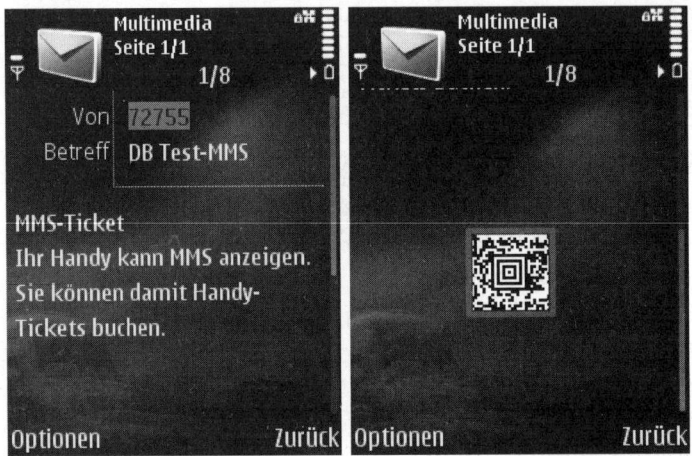

Bild 11.2   Die Test-MMS zum Handyticket der Bahn.

11.2   Ticketsysteme städtischer Verkehrsmittel

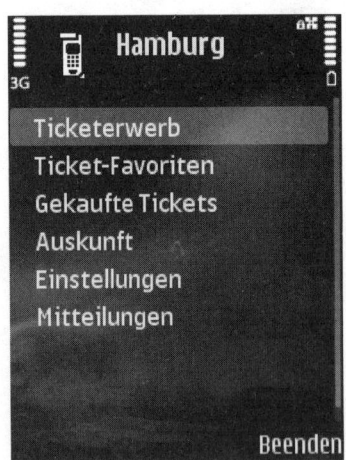

Bild 11.3   Handyticket per Java-Programm in Hamburg.

Städtische Nahverkehrsverbände setzen teilweise ebenfalls Handyticketsysteme ein. In Essen, Dresden, Düsseldorf, Hamburg, Nürnberg, Ulm, Wuppertal und im Vogtland startete bereits vor einem Jahr ein Pilotprojekt mit einem gemeinsam entwickelten Java-basierten System. Auch hier müssen sich die Benutzer einmal registrieren und bekommen dann eine Java-Anwendung aufs Handy, mit der Fahrkarten gekauft und auch auf dem Bildschirm angezeigt werden. Das System wird ständig auf weitere Regionen ausgedehnt. Aktuelle Informationen über die beteiligten Regionen gibt es bei *www.dashandyticket.de*.

In Köln, Bonn, Osnabrück, Hürth und Gera werden Handytickets über spezielle SMS verkauft, die einen Code enthalten. Der SMS-Versand hat den Vorteil, dass er ohne spezielle Software mit jedem Handy und in jedem Mobilfunknetz funktioniert, solange die Rufnummernübertragung eingeschaltet ist. Darüber identifiziert sich der Benutzer im System.

Nach Anmeldung unter *www.haendyticket.de* braucht man vor Beginn der Fahrt nur noch in jeder Stadt eine bestimmte Telefonnummer kostenlos anzurufen. Kurz darauf erhält man eine SMS mit dem Fahrschein, die bei einer Kontrolle vorzuzeigen ist.

Bild 11.4 Handyticket per SMS in Bonn.

Der Kauf des Tickets wird zudem in einer zentralen Datenbank gespeichert, auf die die Fahrkartenkontrolleure mit ihren mobilen Terminals online zugreifen können. Auf diese Weise ist sichergestellt, dass man auch bei verzögerter Zustellung der SMS oder leerem Handyakku einen gültigen Fahrschein besitzt. Die Bezahlung erfolgt per Lastschrift oder vorausbezahltem Guthaben. Das System errechnet automatisch den günstigsten Fahrpreis. Sobald man den vierten Fahrschein kauft, wird dieser so abgerechnet, als hätte man am Automaten ein 4er-Ticket gekauft. Fährt man an einem Tag so häufig, dass das Tagesticket günstiger ist, wird auch das vom System erkannt und zum günstigsten Preis abgerechnet. Alle registrierten Nutzer erhalten monatlich eine detaillierte Abrechnung per E-Mail. Auf diese Weise werden allein in Köln derzeit schon 200.000 Fahrkarten pro Jahr verkauft.

11.3 Mobile Services von Lufthansa & Co.

Ein ähnliches System verwenden bereits einige Fluggesellschaften bei Onlineflugbuchungen, z. B. die Lufthansa, dba und andere. Damit ist kein Warten am Abfertigungsschalter des Flughafens mehr notwendig. Der Fluggast bekommt per MMS einen zweidimensionalen Barcode zugeschickt, wie er auch bei den Online- und Handytickets der Bahn verwendet wird. Dieser Code gilt als Bordkarte und wird von speziellen Scannern beim Einsteigen gelesen. Die Buchung erfolgt aus dem Internet oder auch von unterwegs über eine speziell für mobile Geräte optimierte Seite.

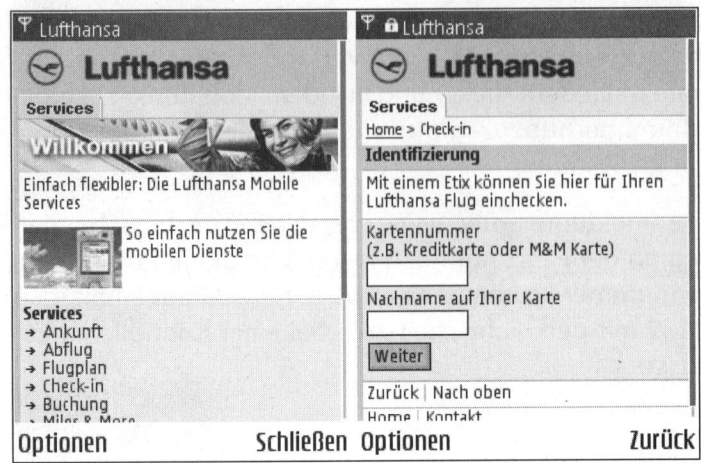

Bild 11.5 Mobile Services der Lufthansa.

Während der Buchung meldet man sich für das mobile Check-in-System an und bekommt dann drei Stunden vor Abflug eine SMS mit der Einladung zum Check-in. Diese muss bis eine Stunde vor Abflug per SMS beantwortet werden. In der Bestätigungs-SMS können auch Präferenzen für Sitzplätze angegeben werden. Danach wird der Barcode automatisch als MMS auf das Handy zugestellt.

11.4 Parkscheine mit dem Handy bezahlen

In Berlin und Paderborn sowie in diversen Städten in Österreich kann das Handy zur Bezahlung von Parkscheinen verwendet werden. Für dieses System muss man sich einmal online bei *www.handy-parken.de* mit seiner Handynummer sowie Bankverbindung und Adresse registrieren. Danach bekommt man eine Vignette mit einem großflächigen 2-D-Barcode zugeschickt, die hinter die Windschutzscheibe geklebt werden muss. Beim Abstellen des Autos ruft man eine kostenlose Telefonnummer an, damit wird das Auto als geparkt registriert. Bevor man den Parkplatz wieder verlässt, ist ein zweiter Anruf fällig, um die Parkzeit abzurechnen. Politessen können mit speziell ausgerüsteten Fotohandys die Barcodes der geparkten Autos fotografieren. Eine eigens entwickelte Software fragt per GPRS auf dem Server nach, ob das betreffende Auto als geparkt gemeldet ist.

12 So telefonieren Sie günstiger

Im Festnetz haben sich die meisten Nutzer inzwischen angewöhnt, vor jedem Gespräch eine Call-by-Call-Vorwahl zu wählen, auch Flatrates werden hier immer beliebter. Auf dem Handy ist das Gebührensparen noch nicht ganz so einfach. Wenn es ums Bezahlen geht, gibt es zwei grundsätzlich unterschiedliche Modelle. Die klassischen Handyverträge werden monatlich abgerechnet. Dabei müssen nach Ende eines Monats alle Gespräche des vergangenen Monats und, je nach Vertrag, eine Grundgebühr bezahlt werden. Umgekehrt kauft man bei Prepaid-Tarifen, die als Xtra-Card, CallYa, Free & Easy oder Loop angeboten werden, ein Guthaben, das beliebig abtelefoniert werden kann. Ist es aufgebraucht, muss es im Supermarkt, am Automaten oder im Internet wieder aufgeladen werden.

12.1 Den günstigsten Tarif ermitteln

Der Mobilfunkmarkt ist eines der schnelllebigsten Geschäftsfelder überhaupt. Preisangaben in Büchern oder auch in Zeitschriften sind also relativ sinnlos. Schon während der Produktionszeit eines solchen Druckwerks können sich die Tarifstrukturen grundlegend ändern. Wer plant, sich einen neuen Handyvertrag zuzulegen, sollte sich nicht unbedingt auf gedruckte Informationen verlassen, sondern mit einem Onlinetarifrechner entsprechend dem persönlichen Telefonverhalten den günstigsten Tarif ermitteln.

Bei allen Tarifrechnern ist es wichtig, möglichst genaue Angaben zu Zeiten und Netzen vorzunehmen, zu denen man telefoniert. Am besten lassen sich diese Werte aus den aktuellen Handyrechnungen der letzten Monate ersehen – bei Schätzungen liegt man hier schnell weit daneben.

Verschiedene Tarifrechner können aber auch unterschiedliche Ergebnisse bei gleichen Eingaben liefern. Dies liegt einerseits an unterschiedlichen Datenbanken, die verwendet werden (nicht immer sind alle Tarife auf dem aktuellsten Stand), andererseits aber auch an Rundungsfehlern, die sich bei Zahlen im Grenzbereich zwischen zwei Abrechnungsmodellen häufig ergeben.

So kann zum Beispiel die Angabe einer durchschnittlichen Gesprächszeit von 65 Sekunden ein deutlich brauchbareres Ergebnis liefern als die Angabe von 60 Sekunden. Hier empfiehlt es sich, verschiedene Onlinerechner mit verschiedenen Zahlen zu füttern, die ungefähr dem typischen Telefonverhalten entsprechen. Genau lässt sich dieses von einem Monat zum nächsten ohnehin nicht vorhersagen. Ein Tarif, der aber bei einem Unterschied von wenigen Minuten einen sehr großen Preisunterschied bedeutet, ist sicher weniger empfehlenswert als ein etwas teurerer Tarif, der dafür innerhalb des Schwankungsbereichs des persönlichen Telefonverhaltens preislich konstant bleibt.

INFO!

Die besten Tarifrechner

Die folgenden Webseiten liefern Onlinetarifrechner und zusätzlich ein interessantes redaktionelles Angebot rund um die aktuelle Handyszene:
www.inside-handy.de
www.billiger-telefonieren.de/handy
www.handytarife.de
www.teltarif.de/mobilfunk

12.2 Mobil via Internet telefonieren

DSL bietet genügend Bandbreite, um digital über das Internet zu telefonieren. Technisch gibt es hier verschiedene Lösungen: Bereits seit einigen Jahren werden Telefonieprogramme entwickelt, mit denen sich Sprachdaten in Echtzeit von einem Computer auf einen anderen übertragen lassen. Diese Programme bieten in letzter Zeit zunehmend auch Funktionen zum Anruf ins normale Telefonnetz. Umgekehrt drängen die Internetprovider in letzter Zeit auch mit spezieller Hardware in den Telefonmarkt und ermöglichen ihren Kunden Telefonie mit klassischen Telefonen und Festnetznummern, aber über eine Voice over IP-Verbindung im DSL-Netz. Man telefoniert wie gewohnt ohne Computer, die Verbindung wird aber nicht physikalisch zwischen den beiden Gesprächspartnern aufgebaut, sondern nur logisch innerhalb des Internets, und wird erst am Ende in das Telefonortsnetz übertragen.

Im Festnetz wurde Telefonieren über das Internet schnell populär. Im Mobilfunk ist diese Technik noch recht neu, dabei spart man gerade hier besonders viel Gebühren. Mit WLAN-fähigen Handys kann man die Voice over IP-Technik nutzen, um sich über WLAN mit einem DSL-Internetanschluss zu verbinden und darüber zu telefonieren. Das funktioniert an öffentlichen Hotspots, aber auch im Büro oder im privaten WLAN zu Hause.

Notruf bei Internettelefonie

Anrufe bei Notrufnummern sind bei Internettelefonie nur mit Einschränkungen möglich. Bei einem Notruf aus dem normalen Telefonnetz wird man automatisch mit der Notrufzentrale in dem Ortsnetz verbunden, aus dem der Anruf kommt. Bei Handygesprächen erfolgt die Verbindung zu der Notrufzentrale, die der Funkzelle am nächsten liegt, in der das Handy eingebucht ist. Bei Internettelefonie befindet man sich aber in keinem Ortsnetz. Einige deutsche Telefonieanbieter schalten den Notruf an die Notrufzentrale des Orts, in dem der Kunde seinen Anschluss angemeldet hat. Dies erfolgt aber unabhängig vom tatsächlichen Standort des Nutzers, der seine Benutzerdaten überallhin mitnehmen kann. Eine neue Notrufverordnung soll in nächster Zeit die europäischen Anbieter von Internettelefonie dazu verpflichten, den genauen Ort eines Anrufers zu ermitteln und an die Notrufzentrale weiterzuleiten. Internationale Internettelefonieanbieter wie Skype ermöglichen bis jetzt noch überhaupt keine Notrufe. Rufen Sie also auch von WLAN-fähigen Handys Notrufnummern immer über die normalen Handyfunktionen an. Der Notruf 112 vom Handy ist in allen Netzen gebührenfrei und funktioniert auch ohne SIM-Karte.

Skype für WLAN-taugliche Handys

Das mit über 100 Millionen Downloads bei Weitem bekannteste Voice over IP-Programm ist Skype. Dieses Programm können Sie kostenlos bei *www.skype.com* für PC und Macintosh, aber auch für mobile Geräte herunterladen. Von den Nokia-Handys mit WLAN-Funktion werden zurzeit nur das N800 und das N810 unterstützt.

Voraussetzung ist nur ein WLAN-Modul im Gerät, es muss nicht unbedingt eine SIM-Karte für normale Handytelefonie im GSM-Netz eingebaut sein. Nur Gespräche ins öffentliche Telefonnetz werden bei Skype berechnet, Gespräche innerhalb des eigenen Netzes sind kostenlos. Findet man also noch einen kostenlosen WLAN-Zugang, fallen auch für weltweite Telefongespräche keinerlei Kosten an.

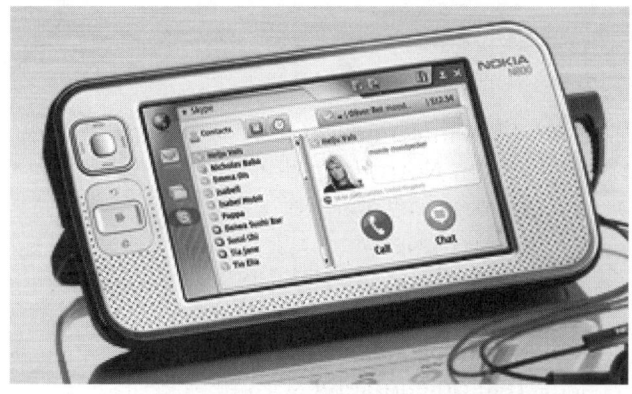

**Bild 12.1 Skype auf einem
WLAN-fähigen Nokia N80.**

Skype funktioniert wie ein Messenger. Sie registrieren sich einmal mit Ihrem Namen und können dann alle Freunde, die einen Skype-Namen haben, in eine Kontaktliste eintragen und sich deren Onlinestatus anzeigen lassen. Durch einfaches Antippen eines Namens lässt sich eine Verbindung herstellen. Dabei können dieselben Benutzernamen in der mobilen Version wie auch in der Version für stationäre PCs verwendet werden.

Mit Skype können Sie nicht nur mit anderen Skype-Nutzern kostenlos telefonieren, sondern auch zu sehr günstigen Preisen in das normale Telefonnetz der meisten Länder der Welt anrufen. Dazu kaufen Sie ähnlich wie bei einer Prepaid-Karte online ein *SkypeOut*-Guthaben.

INFO!

Im Urlaub das Handy zu Hause lassen

Wer mit dem Handy in den Urlaub fährt, sollte besonders im Ausland sein Handy lieber unangetastet lassen. Die Gespräche mit den Daheimgebliebenen sind deutlich preiswerter, wenn man sie mit Skype in einem lokalen Internetcafé führt, anstatt die teuren Roamingkosten der Mobilfunkprovider zu bezahlen. Viele Internetcafés bieten heute WLAN, sodass man auch per Skype-Handy telefonieren kann.

13 Tipps für Akku und SIM-Karte

Ein Handyakku ist immer dann leer, wenn man das Telefon gerade wirklich braucht. Diese Tatsache, die jeder schon oft selbst erlebt hat, liegt übrigens nicht nur in Murphys Gesetz begründet, sondern hat auch einen technischen Hintergrund. Jedes Handy braucht eine ständige Verbindung zu einem stationären Mobilfunkmast, um im Netz angemeldet und erreichbar zu sein. Moderne Handys verwenden, um diese Stand-by-Verbindung zu halten, nur so wenig Sendeleistung wie unbedingt nötig. Da in Städten die Netzdichte deutlich höher ist, reicht eine erheblich geringere Leistung als auf dem flachen Land, wo die Entfernung zum nächsten Netzknoten mehrere Kilometer betragen kann. Hier senden die Handys permanent mit höherer Leistung, nur um im Netz angemeldet zu bleiben. Der Akku wird also, auch ohne zu telefonieren, auf dem Land schneller leer als in der Großstadt.

INFO!

Strahlenschutzhüllen

Für gesundheitsbewusste Nutzer werden sogenannte Strahlenschutzhüllen für Handys angeboten. Diese bestehen aus einem metallhaltigen Gewebe, das die Funkwellen der Handys abschirmt. Bei schlechtem Empfang schalten die Handys aber die Sendeleistung hoch. Die Strahlung erhöht sich automatisch so weit, dass außerhalb der Hülle genug ankommt, um eine Verbindung in das GSM-Netz aufrechtzuerhalten. Der einzige Effekt dieser Schutzhüllen ist also, dass der Akku schneller leer wird.

13.1 Mehr Saft für schlappe Akkus

Bluetooth und WLAN sind die größten Stromfresser in modernen Handys. Schalten Sie diese Funktionen, wenn Sie sie nicht benötigen, immer aus. Das Gleiche gilt für die Infrarotschnittstelle, die sich aber auf den meisten Handys nach einer bestimmten Inaktivitätszeit selbstständig abschaltet. Verbinden Sie Ihr Handy deshalb auch nur, wenn es nötig ist, mit einem Bluetooth-Headset.

Halten Sie sich länger in Regionen mit schlechtem Netzempfang auf, schalten Sie das Handy aus. Sie können dort ohnehin nicht telefonieren. Die dauernden Versuche, eine Netzverbindung aufzubauen, kosten bei der für schlechte Netzversorgung notwendigen hohen Sendeleistung viel Strom.

Die Farbdisplays moderner Handys benötigen deutlich mehr Strom als die alten Schwarz-Weiß-Displays. Allerdings ist nicht immer und überall die volle Helligkeit nötig. Viele Handys ermöglichen es, die Displayhelligkeit zu regeln, oder haben sogar einen eigenen Lichtsensor, der abhängig von der Umgebungshelligkeit die Displayhelligkeit einstellt.

Bild 13.1 Einstellungen für die Bildschirmhelligkeit auf einem Nokia N95.

Nach einer bestimmten Inaktivitätszeit sollte die Hintergrundbeleuchtung des Displays abgeschaltet werden, etwas später dann der ganze Bildschirm. Aktivieren Sie auch nach Möglichkeit eine automatische Tastensperre, um nicht durch versehentliches Drücken einer Taste das Handy in der Tasche permanent einzuschalten. Die Tastaturbeleuchtung lässt sich auf einigen Geräten ebenfalls abhängig vom Lichtsensor einstellen, sodass die Tastatur nur bei Dunkelheit beleuchtet wird.

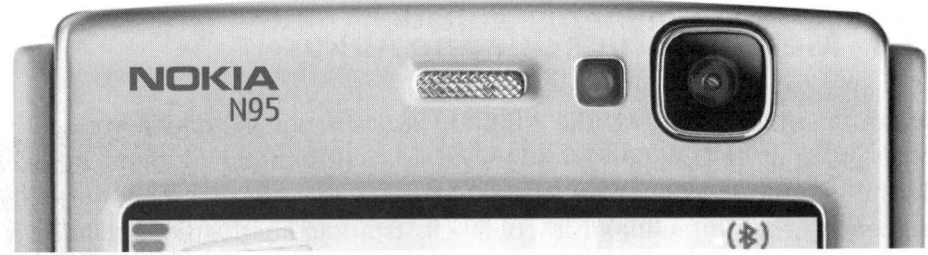

Bild 13.2 Der Lichtsensor auf einem Nokia N95 zwischen Lautsprecher und Kamera.

Nicht zuletzt hat auch die Temperatur einen wesentlichen Einfluss auf die Kapazität des Akkus. Setzen Sie das Handy also keinen extremen Temperaturschwankungen aus und lassen Sie es nicht lange in der Kälte liegen. Wer im Winter unterwegs ist, sollte sein Handy nicht cool an ein Bändchen hängen, es kühlt im wahrsten Sinne des Wortes zu stark aus, sondern lieber in einer gefütterten Innentasche der Jacke aufbewahren, auch wenn es dort niemand sieht.

13.2 Akkus auch ohne Steckdose aufladen

Jedes Handy wird mit einem Ladegerät ausgeliefert und hat heute eine Lade-elektronik, die das gefürchtete Überladen der Akkus verhindert. Aktuelle Lithium-Ionen-Akkus haben auch (theoretisch) keinen Memory-Effekt mehr. Das heißt, es schadet ihnen nicht, wenn sie vor dem erneuten Laden nicht komplett entladen wurden. Unterwegs steht allerdings nicht immer eine Steckdose zur Verfügung, um das Handy mit dem Originalladegerät aufzuladen. Für solche Fälle gibt es auch andere Lösungen.

Handys mit USB-Anschluss lassen sich üblicher-weise auch über den USB-Anschluss aufladen. So kann man unterwegs aus dem Notebook Strom beziehen, auch wenn man gerade kein Handylade-gerät dabei hat oder wenn dies im Ausland nicht in die Steckdose passt. Allgemeine Ladekabel mit verschiedenen Adaptersteckern ermöglichen auch das Aufladen von Handys ohne eigenen USB-Anschluss direkt am USB-Port eines Computers.

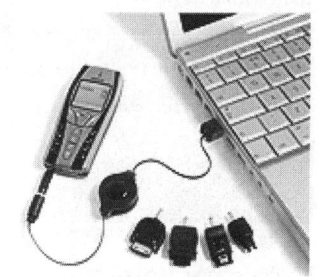

Bild 13.3 Kabel zum Aufladen eines älteren Handys am USB-Port (Foto: *www.wow-stuff.co.uk*).

Der Onlineshop Pearl (*www.pearl.de*) bietet ein nur 12 cm langes, besonders handliches Ladekabel an, mit dem man alle aktuellen Nokia-Handys mit rundem Stecker am USB-Port eines Computers aufladen kann.

Akkus mit Sonnenenergie aufladen

Auch USB oder Batterien stehen nicht überall endlos zur Verfügung. Warum also nicht eine unerschöpfliche Energie-quelle nutzen? Die Solarladegeräte von e.Go laden mit Sonnenenergie Akkus auf. Dabei kann über ein Adapterkabel direkt ein Handy angeschlossen werden. Akkus im Gerät puffern die tagsüber gespeicherte Energie. So kann man auch nachts ein plötzlich leer gewordenes Handy laden, wenn tagsüber genug Sonne getankt wurde.

Bild 13.4 Solarakkuladegerät e.GO (Foto: Conrad Electronic).

Der Schweizer Hersteller Sakku (*www.sakku.ch*) liefert modische Taschen mit einem flexiblen Solarpanel auf der Außenseite. Hier kann ein Handy angeschlossen werden. Während man die Tasche tagsüber mit sich herumträgt, wird das Handy automatisch aufgeladen.

Hier hilft nur noch pure Muskelkraft

Wenn es den ganzen Tag trüb ist und die Sonnenenergie zum Aufladen der Akkus nicht reicht, hilft nur noch Muskelkraft. Die Dynamo-Taschenlampe Evertalk kann nicht nur Licht, sondern auch Strom für Handyakkus liefern. Dreht man eine Minute an der Kurbel, soll die Lampe 30 Minuten leuchten, zum Aufladen eines leeren Handys über den mitgelieferten Ladeadapter muss man sich allerdings etwas länger anstrengen.

Bild 13.5   Kurbeln für Licht oder Handystrom (Foto: Conrad Electronic).

USBCELL – Akkus mit USB-Anschluss

Der britische Batteriehersteller Moixa hat Akkus mit eingebautem USB-Stecker entwickelt, die kein besonderes Ladegerät benötigen. Man steckt sie einfach an den USB-Port eines Computers, um sie aufzuladen.

Bild 13.6   USBCELLs sind Akkus mit eingebautem Ladegerät zum Aufladen an einem USB-Port (Foto: Moixa Energy).

Diese Akkus verwenden die bei modernen Akkus übliche NiMH-Technik und sind in verschiedenen gängigen Standardgrößen von Akkus lieferbar.

Bild 13.7   USBCELLs beim Aufladen an einem Notebook (Foto: Moixa Energy).

Index

Bildnachweis

Kapitel 1

Nokia Deutschland

Kapitel 5

GSM-Server

Kapitel 6

Deutsche Bahn AG

Nokia Deutschland

Kapitel 7

T-Mobile

Kapitel 9

Nokia Deutschland

Conrad Electronic

wowstuff.co.uk

Kapitel 10

Nokia Deutschland

smartsam.de

Kapitel 13

Conrad Electronic

Moixa Energy

wowstuff.co.uk